Dr. Joseph von Fraunhofer
vermutlich in seinem 33. Lebensjahre
J. Waldherr del., Vogel junior sc., Nürnberg

JOSEPH FRAUNHOFER
UND SEIN OPTISCHES INSTITUT

VON

DR. MED. ET PHIL. A. SEITZ

MIT 6 TAFELN

SPRINGER-VERLAG BERLIN HEIDELBERG GMBH 1926

ISBN 978-3-662-38926-3 ISBN 978-3-662-39867-8 (eBook)
DOI 10.1007/978-3-662-39867-8

URSPRÜNGLICH ERSCHIENEN BEI JULIUS SPRINGER IN BERLIN

VORWORT

Wir haben eine ziemliche Anzahl von Lebensbeschreibungen FRAUNHOFERS, die entweder als akademische Reden, in der Absicht, das Leben und Wirken FRAUNHOFERS als vorbildlich für die studierende Jugend darzustellen, oder je nach der Vorliebe des Verfassers in anderer Hinsicht abgefaßt sind. Gemeinsam ist allen eine unverkennbare Dürftigkeit sowohl in der Schilderung der privaten Lebensführung FRAUNHOFERS als auch des Werdeganges in fachlicher Hinsicht. Wenn auch zuzugeben ist, daß FRAUNHOFER bei seiner ungewöhnlichen Anspruchslosigkeit, der Regelmäßigkeit seiner Lebensführung und seiner ausschließlichen Einstellung auf Arbeit — ferner bei dem Umstand, daß er unverheiratet war, also auch weitere familiäre Beziehungen fehlten —, wenn also unter diesen Verhältnissen sein Leben eigentlich fast unscheinbar verlief, so bleibt es doch heute noch unverständlich, daß über das Dasein eines Mannes von der Berühmtheit FRAUNHOFERS von den Zeitgenossen so wenig Nachrichten überliefert wurden.

Das vorliegende Buch setzt die Kenntnis dieser Schriften voraus und wiederholt nur das unumgänglich Notwendige aus der Jugendgeschichte, die wir jetzt als abgeschlossen betrachten müssen, da es sich bei den umfangreichen Nachforschungen des Verfassers ergab, daß von keiner Seite mehr Ausführlicheres darüber zu erfahren ist.

Ganz anders aber sind wir seit kurzem über den fachlichen Werdegang FRAUNHOFERS von seinem Eintritt in das UTZSCHNEIDER-REICHENBACHsche Mathematisch-Mechanische Institut bis zu seinem Tode unterrichtet. Im Besitz des Deutschen Museums befindet sich eine umfangreiche Aktensammlung aus dem Nachlaß UTZSCHNEIDERS, welche zahlreiche eigenhändige Schriftstücke von ihm selbst, von FRAUNHOFER und dem Glasschmelzer GUINAND enthalten, auf Grund deren sich ganz neue Unterlagen für Beurteilung des FRAUNHOFERschen Wirkens ergeben.

Der Zweck des vorliegenden Buches ist, den zahlreichen Verehrern FRAUNHOFERS zum Gedächtnis seines 100. Todestages am 7. Juni 1826 diese bisher unbekannten Urkunden und noch verschiedene andere ihn betreffende Schriftstücke teils aus privatem, teils aus dem Besitz des Kreisarchivs zu München vorzulegen.

Der Verfasser möchte an dieser Stelle noch die Pflicht erfüllen, vor allem Herrn Professor Dr. M. VON ROHR, Jena, für die Anregung zu dieser Arbeit und für seine Mithilfe dabei den herzlichsten Dank auszusprechen, ferner sei den Herren Oberst MERZ und Dr. WEINDLER, München, für Überlassung wichtiger Schriftstücke und für die Erlaubnis zu ihrer Wiedergabe, ebenso wie den Herren des Deutschen Museums, des städtischen und des Kreisarchivs für ihr Entgegenkommen in jeder Hinsicht bei Benutzung ihrer Anstalten verbindlichst gedankt.

München, Mai 1926.

DR. MED. ET PHIL. A. SEITZ.

Die Familie FRAUNHOFER stammt, nach Ausweis eines vorhandenen Stammbaumes, aus Miesbach in Oberbayern, von wo Anfang des 18. Jahrhunderts 2 Söhne eines N. FRAUNHOFER nach Straubing auswanderten, deren einer, FRANZ, als Bürger und Glaser dort gestorben (1729) und im Friedhof St. Peter beerdigt, urkundlich erwähnt wird; St. Peter blieb in der Folgezeit die Grabstätte aller Mitglieder der Familie FRAUNHOFER in Straubing; CASPAR, der dritte Bruder der schon genannten zwei, welcher in Miesbach als Wirt geblieben war, hatte in erster Ehe einen Sohn JOHANN MICHAEL, der wieder als Bürger und Glasermeister zu Straubing nachgewiesen ist; aus dessen zweiter Ehe mit MARIA ANNA stammen 8 Kinder (4 Söhne, 4 Töchter); das letzte und jüngste dieser war unseres FRAUNHOFER Vater FRANZ XAVER, geboren am 16. Januar 1743; aus dessen zweiter Ehe mit ANNA MARIA geb. FRÖHLICH entsprossen 5 Söhne und 6 Töchter, die aber fast alle frühzeitig starben, so daß beim Tode des Vaters am 12. Juni 1798, in dessen 56. Lebensjahre — die Mutter starb schon am 5. Juni 1797, 54 Jahre alt — nur 4 Kinder als Erben vorhanden waren: die 30jährige MARIA ANNA VIKTORIA, die 20jährige MARIANNE ELISABETHA, die 13jährige ANNA THERESIA und als elftes und letztes Kind unser JOSEF FRAUNHOFER, damals 11 Jahre alt[1]). Den Kindern wurden von Amts wegen zwei Vormünder bestellt: der Handelsmann und Magistratsrat JOSEF GRÜNBERGER und der Geigenmacher THUMHARDT, nach dessen Tod dafür Drechslermeister JOSEF BECK für ihn eintrat. Die eigenhändige Aufzeichnung der Geburt JOSEFS durch seinen Vater in einem Familienbuch (Besitz des Herrn Dr. WEINDLER, München)

[1]) FRAUNHOFERS Stammbaum, von Hauptmann ED. WIMMER. Sammelblätter zur Geschichte der Stadt Straubing, H. I, S. 53—56. 1881—1882.

lautet: „Am 1787 den 6. Märzen ist der JOSEPH zur Welt gebohren zwischen 8 und 9 Uhr Nacht im Zeichen einer Waag."

Der Eintrag ins Taufbuch der Stadtpfarrei St. Jacob zu Straubing über JOSEF FRAUNHOFERS Geburt darf hier auch Platz finden:

1787, 7 Marty, Infans JOSEPHUS natus heri infra 8 et 9ram vespertinam. Pater: hon. FRANCISCUS XAVERIUS FRAUNHOFER, civis et vitriarius hujas. Mater: MARIA ANNA, nata FRÖHLICHIN loci uxor. Patrinus Nobilis et arteficiosus DNS BERNARDUS SCHÄCK de gremio exteriori senator hujas. Baptizavit ADAMUS SCHMIDPAUER Coop. [BERNHARD SCHECK vom äußeren Rat war Kunstmaler.]

Die Vormünder verkauften die FRAUNHOFERschen Hauseinrichtungsgegenstände, Warenvorräte, das Handwerkszeug sowie das am Rindermarkt gelegene Haus[1]) (damals Nr. 260) und unser JOSEF, der als schwächlicher Knabe und sehr bleichen Angesichts geschildert wird, scheint nach dem Tode seines Vaters versuchweise das Drechslerhandwerk ergriffen zu haben; weil er für dieses keine ausreichenden Kräfte besaß, sahen sich die Vormünder nach einer anderen Stelle für den Kleinen um; sie wählten das Handwerk des Spiegelschleifers und traten mit dem Münchner Bürger und Hofspiegelmacher PHILIPP ANTON WEICHSELBERGER in Verbindung, welcher sich bereit erklärte, den 11jährigen FRAUNHOFER aufzunehmen und ihn in die Geheimnisse des „Mediés" (Metier) einzuführen.

Die zwei Briefe[2]), welche WEICHSELBERGER die Ankunft seines zukünftigen Lehrlings mitteilen, sind erhalten und lauten:

Straubing [Donnerstag], den 15. Augs. 1799.

Insonders Hochzuehrender Herr!

Durch Ihr wertherhaltenes von 10. dieß geben Sie uns die Versicherung, daß Sie unsern Mündel JOSEPH FRAUNHOVER in die Lehrr annehmen, wofür wir unsern aufrichtigen Dank abstatten. Was die Bedingniße betrieft, sind uns selbe ganz anständig, und beßer wen er 6 Jahrr lehrnet. Nunmehro wird ihn alles nothdürftige hergericht, und wen er etwas weiters braucht, so werden wir es besorgen, nur bitten wir darauf zu sehen, und uns ein paar Zeillen zu schreiben, was ihm nothwendig ist, den Buben und

---

1) Nach dem noch erhaltenen amtlichen Protokoll (Urkunde 5408 des Deutschen Museums) verblieb nach Abzug aller Schulden und Außenstände den 4 Kindern eine Summe von 1641 fl. 2 Kr. als Erbe.

2) Urkunden des Deutschen Museums Nr. 5409, 5410.

junge Leute haben immer Gedanken und Einbildungen, die zur Häuslichkeit und Wirthschaft nicht stimmen. Butzen und säubern kan er sich selbst, hiezu ist er geschickt und groß genug dazu. Wasche und Flicken kan ihm seine Schwester besorgen, wen sie es thun kan, im wiedrigen Falle aber müste dieß durch eine fremde Person gegen unsere Bezahlung geschehen. Kurz, der Knabe ist Ihnen ganz übergeben, sind Sie seyn Rathgeber, Freund, und Vater, was Sie für ihn gut und nützlich finden, und thun werden, ist auch unser Wille, und wen Sie für Ihn etwas an Geld auszulegen belieben, werden wir es mit Dank wieder bezahlen. Künftigen Dienstag wird der Knabe mit dem Bothen abgehen, und am Donerstage Bey Ihnen eintreffen. Er hat zu diesen Methier eine große Freude, ist geschickt, und wird auch brav seyn. Leben Sie nun recht wohl. Wir empfehlen uns, und verbleiben

Dienstwillige
JOSEPH BÔCK Drexler-
Meister

FRANZ XAVER SCHMITT
Bürgl. Bortenmacher.

Straubing [Montag], den 19. Augs. 1799.

Insonders Hochzuehrender Herr!

Der Ueberbringer dieß ist der JOSEPH FRAUNHOFER, den Sie in die Lehre zu nehmen, sich gütig entschlossen haben. Aus meinem Schreiben von 15. werden Sie ein mehreres vernohmen haben. Ich empfehle ihn noch einmal Ihrer Gewogenheit und Sorgfalt, und bin jederzeit zu Gegendiensten

Bereittwilligster
FRANZ XAVER SCHMITT
Bürgl. Bortenmacher.

N. S. Damit JOSEPH nicht einige Seitenwege oder sogenante Tauschlereyen machen kan, oder möchte, so muß ich Ihnen noch melden, daß er 2 Diamant und 1 f. Taschengeld von uns erhalten hat. Der Both hat ihn auf seiner Reise zu verpflegen, und die Auslage wird ihn von uns vergütet.

Gleichmäßig findet sich in allen Lebensbeschreibungen FRAUNHOFERS mehr oder weniger betont die Tatsache, daß der Bürger und Hofspiegelmacher WEICHSELBERGER ein wenig angenehmer Lehrherr gewesen sein muß. Nicht nur nicht, daß er seinem Lehrling den Besuch der Feiertagsschule verbot, er duldete auch kein Licht in dessen fensterloser Kammer, um ihm Lesen oder jede selbst gewählte Fortbildung unmöglich zu machen. Der Beginn der auf 6 Jahre festgesetzten Lehrzeit wird also so gewesen sein, wie wir es zur Genüge von früher kennen, daß der Lehrjunge eigentlich nur Laufbursche und das Dienstmädchen gewesen ist.

Da ereignete sich im zweiten Lehrjahre, am 21. Juli 1801, das für das damalige München ungeheure Ereignis des Zusammensturzes zweier Häuser des Thiereckgäßchens, in deren einem sich WEICHSELBERGERS Geschäft befand. Durch das dem Zusammensturz vorausgehende Krachen und Knistern gewarnt, konnte der größte Teil der Inwohner entfliehen und von den Trümmern wurden nur der kleine FRAUNHOFER und seine Meisterin verschüttet. Ausführlich schildert uns der BAUMGARTNERsche Polizeibericht aus dem Jahre 1805 den Vorgang der erstaunlichen Erhaltung und Rettung FRAUNHOFERS, seine Begegnung mit dem Kurfürsten und das erste Zusammentreffen mit dem Manne, der später für sein ganzes Schicksal bestimmend wurde: dem Hofkammerrat und Geheimreferendar UTZSCHNEIDER.

Eine bisher unbekannte Skizze des Malers METTENLEITER[1]), das Zeisswerk besitzt sie und hat in zuvorkommender Weise die Wiedergabe gestattet, zeigt die unmittelbar bevorstehende Befreiung des kleinen FRAUNHOFER in Gegenwart des Kurfürsten (Tafel gegenüber S. 16). Wie sich der Kurfürst des Jungen annahm, ihn reichlich beschenkte, wie auch UTZSCHNEIDER ihm seine Teilnahme bewies, ist so allgemein bekannt, daß hier die Schilderung des Lebenslaufes FRAUNHOFERS in der kurzen Zeitspanne von 1801 bis 1807, seinem Eintritt in dem mathematisch-mechanischen Institut von UTZSCHNEIDER, REICHENBACH und LIEBHERR, übergangen werden darf; ebenso bekannt ist ja auch, wie FRAUNHOFER den ihm von seiner Jugend anhaftenden Mangel der einfachsten Bildungserfordernisse nachzuholen bestrebt war, aber damit nicht zufrieden, gleich die damals besten Bücher der Optik, die er von UTZSCHNEIDER bekam, zu studieren begann und sich durch Selbstbildung auf seinen künftigen Beruf eingehend vorbereitete[2]).

---

[1]) J. M. METTENLEITER, 1765—1853, schrieb unter das Blatt: „Die aufsuchung des Fraunhöften bey einsturtz des Spiegelmachers Hausse in der Weinstrasse (Thiereckgässchen) Mittags 1 Uhr im Juli 1801." Die Originalskizze von der Hand METTENLEITERS wird durch den Münchner Maler LEBSCHÉE bestätigt.

[2]) „Dem PHILIPP WEICHSELBERGER wurde mit polizeilicher Erlaubnis eine Haussammlung gestattet, als deren Erträgnis er eine Unterstützung

Den Versuch FRAUNHOFERS, selbständig weiterzuarbeiten, nachdem er sich von dem Rest der Lehrzeit mit einem Teil des kurfürstlichen Geldgeschenkes losgekauft hatte, ließen die Kriegszeiten nicht gelingen, und so mußte der „Geselle", gewiß ungern genug, wieder zu seinem Lehrmeister zurück.

Der umfangreiche Lehrbrief auf Pergament ist erhalten und wird hier wiedergegeben (Tafel gegenüber S. 32).

Auch ein Zeugnis, daß FRAUNHOFER ein und ein halbes Jahr in Kondition bei WEICHSELBERGER gestanden und sich sehr geschickt in der Arbeit, ohne Ausschweifung, sich ordentlich verhalten hat usw., ist erhalten und folgt im Wortlaute (Tafel gegenüber S. 48).

Um von dem Angebot des ehemaligen Kurfürsten MAX, der seit 1805 König von Bayern geworden, sich im Falle der Not an ihn zu wenden, Gebrauch zu machen, war FRAUNHOFER gewiß viel zu schüchtern und bescheiden.

Nun aber trat von einer anderen Seite her für ihn die Schicksalswende ein, von UTZSCHNEIDER ausgehend, der mit an der Stelle der Hausverschüttung gestanden, mit FRAUNHOFER dort gesprochen und sich später noch seiner angenommen hatte.

Zunächst muß aber eine anscheinend ganz ferne liegende Unternehmung in ihrem Entstehen betrachtet werden. Im Jahre 1801 verlangte die französische Konsularregierung zu Paris eine militärgeographische Karte von Bayern, deren gute Ausführung wegen Mangel an geeigneten Meßinstrumenten große Schwierigkeit machte. Nun hatte schon um diese Zeit herum der Artillerieoffizier GEORG REICHENBACH[1]), welcher auf Antrag des Grafen VON RUMFORD mit Unterstützung des Kurfürsten KARL THEODOR Reisen nach England gemacht hatte, um dort Studien über Maschinenbau, Eisenbereitung zu machen und Fabrikbetriebe

von 202 fl. 46 krzr erhielt." Des Lehrjungen FRAUNHOFER, welcher bei dem Hauseinsturz von seinem Wenigen alles verlor und nur das rettete, was er eben anhatte, wird in dem ganzen Schriftstück nirgends gedacht (Akten des k. Kreisarchivs F. 2747).

[1]) Geb. 24. August 1772 zu Durlach in Baden, gest. 21. Mai 1826 zu München.

kennenzulernen, wobei er auch große Werkstätten zur Verfertigung mathematischer Geräte gesehen hatte, die Absicht, eine solche Werkstätte auch in Bayern zu errichten, um dieses bei Beschaffung feinmechanischer Geräte vom Ausland unabhängig zu machen, ferner aber auch einen Stamm tüchtig geschulter Mechaniker heranzuziehen.

So war also der Boden geschaffen, auf welchem eine neue Industrie aufblühen konnte; es verband sich REICHENBACH mit dem tüchtigen Mechaniker und Uhrmacher LIEBHERR, welcher bereits eine kleine Werkstätte besaß, und man lud den ungemein regsamen, unternehmungslustigen Geheimreferendar JOSEPH UTZSCHNEIDER, der eben außerhalb des Staatsdienstes in unfreiwilliger Muße sich befand, zur Teilnahme ein, welcher Einladung er bereitwilligst Folge leistete; so kam am 20. August 1804 der Gesellschaftsvertrag dieser Herren zustande zur Gründung des „mathematisch-mechanischen Institutes REICHENBACH, UTZSCHNEIDER und LIEBHERR“; in diese Gesellschaft brachte als Wichtigstes REICHENBACH seine von ihm eben erfundene Kreisteilmaschine mit hinein, die an Genauigkeit alles bisher Bekannte übertraf; denn in REICHENBACH hatte sich die feste Überzeugung gebildet, daß eine Förderung in der Genauigkeit der mathematischen Instrumente nur durch Verbesserung der Kreisteilung zu erreichen sei.

Schon stand eine Anzahl von Geräten fertig, allein es fehlten ihnen die Gläser und waren sie als „blind“ unbrauchbar; zunächst trat ein tüchtiger, wohl nur hauptsächlich empirisch geschulter Optiker, JOSEPH NIGGL, ein und versah die Rohre mit Linsen; allein außer den erforderlichen Linsen fehlte auch eigentlich die Hauptsache: gutes Kron- und vor allem wellenfreies Flintglas dazu, welches sehr schwer in England, gar nicht in Frankreich und erst recht nicht in Deutschland in der notwendigen Beschaffenheit zu erhalten war. Wenn wir mit unserer heutigen Erfahrung auf die Schwierigkeiten bei Gründung und Weiterführung des jungen Unternehmens zurücksehen, so können wir erst recht beurteilen, was UTZSCHNEIDER geleistet hat, um die eben ihre Tätigkeit beginnende Werkstätte nicht nur betriebsfähig zu halten, sondern mit seinen Teilhabern, vor allem mit REICHENBACH, in Kürze sie sogar zu einer weit bekannten, später sogar weltberühmten Anstalt zu erheben.

Als erstes Erfordernis hielt es UTZSCHNEIDER, die Glasfrage zu lösen und darin vom Ausland — man bezog das Flintglas von England — unabhängig zu werden; er unternahm eine Reise zu verschiedenen auswärtigen Optikern von Ruf, was ihn aber nur zur Erkenntnis brachte: das Sicherste sei Selbstdarstellung des unbedingt nötigen, so überaus schwer herzustellenden wellenfreien Flint- und dann des Kronglases.

Wie UTZSCHNEIDER diese Frage löste, darauf muß näher eingegangen werden, denn von ihr hing fast unmittelbar die Lebensfähigkeit der ganzen UTZSCHNEIDER-REICHENBACH- und LIEBHERRschen Unternehmung ab.

UTZSCHNEIDER war von befreundeter Seite auf einen Optiker PIERRE LOUIS GUINAND in Les Brenets in der Westschweiz, Grafschaft Neuenburg, aufmerksam gemacht worden, der imstande sei, mit Sicherheit starkbrechendes Glas — worunter man damals eben Flintglas verstand — zu erzeugen. GUINAND, geb. 20. April 1748, gest. 13. Febr. 1824, von Hause aus Tischler, fertigte und goß Gehäuse von Standuhren, beschäftigte sich aber seit seinem 21. Jahre in gewisser Hinsicht als Liebhaber mit der Anfertigung optischen Glases, welcher Nebenbeschäftigung er leidenschaftlich ergeben war und ihr alle seine Ersparnisse und Vermögen zum Opfer brachte[1]).

GUINAND, die Tragweite seiner Erfindung wohl übersehend, wandte sich mit einem Schreiben, wahrscheinlich 1804, an den Kurfürsten von Bayern, welches dieser zur Würdigung an die Akademie der Wissenschaften in München gelangen lassen sollte,

---

[1]) M. v. ROHR: „Die Entwicklungsjahre der Kunst, optisches Glas zu schmelzen.“ Naturwissenschaften H. 39, S. 783. 1924, und vor allem von dem gleichen Verfasser die Einzeldarstellung von GUINANDS Leben, in der Zeitschr. f. Instrumentenkunde 1926, S. 121—137; 189—197: „PIERRE LOUIS GUINAND.“

enthaltend ein Angebot zur Lieferung wellenfreien Flintglases; die Eingabe ist nicht mehr auffindbar, dagegen liegt eine zweite GUINANDS, wohl aus dem Sommer des Jahres 1805, vor, die ihrer Wichtigkeit wegen vollständig (in Übersetzung) gebracht werden muß.

Mémoire pour Communiquer a Monsieur JOS. UTZSCHNEIDER référendaire intime de S. A. Sme l'Electeur Bavaro Palatin qui voudra en referer a l'académie de Munich.

[Handschrift, sicher nicht von Guinand; vielleicht von L. Couleru, seinem Schwiegersohn.]

Notices de mes travaux.

En lisant et méditant profondément les Traités de Chimie, en consultant l'Encyclopédie, je pris connoißance des différents matériaux qu'on peut usager pour faire du verre.

En 1774 je commençois des épreuves de 3 a 4 ℔ de composition les qu'elles j'ai constanment suivis pendant 13 Ans; épreuves de toutes les terres vitrifiables, épreuves de tous les fondants, les qu'elles j'ai variés tantôt les doses, tantôt les matériaux d'un excès a l'autre, épreuves de tous les degrès de chaleur que je pouvois donner a ces différentes compositions; j'ai fais toutes ces épreuves avec Ordre, écrivant éxactement tout pour ne pas revenir sur des mêmes: Convaincus qu'avec les petits culots de verre que je faisois je ne pouvois obtenir la connoißance, soit les causes des fillandres et autres deffauts, je me determinois en 1787 a construire un four ou je pus fondre 100 : 150: jusqu'a 200 ℔ de composition d'une fois, après quelques fontes de ces

Denkschrift zur Mitteilung an Herrn JOS. UTZSCHNEIDER, Sr. Durchl. Hoh. des Pfalz-Bairischen Kurfürsten Geheimreferendar, zur Vorlegung bei der Münchener Akademie.

Bemerkungen zu meinen Arbeiten.

Da ich die Lehrbücher der Chemie las und gründlich durchdachte, auch die Enzyklopädie zu Rate zog, so lernte ich verschiedene Grundstoffe kennen, die man zur Herstellung des Glases verwenden kann.

1774 habe ich mit Proben von 3 bis 4 ℔ Glassatz begonnen, und habe das 13 Jahre lang ständig fortgesetzt; ich habe mit allen schmelzbaren Erdarten, mit allen Schmelzmitteln Versuche angestellt, dabei sowohl die Mischungsverhältnisse wie auch die verschiedenen Bestandteile von einem Ende zum andern durchprobt, und habe alle Hitzegrade versucht, die ich dem Satz unter so verschiedenen Umständen geben konnte; dies alles habe ich in größter Ordnung vorgenommen und in jedem Falle genau niedergeschrieben, um den gleichen Versuch nicht noch einmal anzustellen. Da ich überzeugt war, mit den anfänglichen kleinen Glasblöcken weder die Ursache der Fäden noch die anderer Mängel erkennen zu können, so habe ich mich 1787 entschlossen, einen

poids, je découvris que les creusets gatoient les verres, ainsi que le fragment que je joins: il falut faire des épreuves sur les Terres pour en trouver qui fut inataquable par le verre en fusion, cet ouvrage fut pennible et long.

Ofen zu bauen, wo ich 100, 150, ja bis zu 200 ℔ Masse auf einmal schmelzen könnte; nach einigen Schmelzen eines solchen Gewichtes erkannte ich, daß der Hafen das Glas verschlechtere, wofür ich eine Probe beilege: ich mußte also Versuche mit Tonarten machen, um solche zu finden, die von dem Glasfluß nicht angegriffen würden. Diese Arbeit war mühevoll und zeitraubend.

J'ai fais des fontes dans des Creusets de 12 a 13 pouces de diamêtre de vide, et de 9 a 10 pouces d'hauteur, je répétais mes fontes le plus [2] souvent dans 3 semaines: Dans les commencements en fondant mon verre a forte réfrangibilité, mes creusets manquoient le poid étant le double du verre ordinaire.

Ich stellte Schmelzen an in Häfen von 12 bis 13 Zoll [= $32^{1}/_{2}$ bis 35 cm] lichtem Durchmesser und 9 bis 10 Zoll [= 24 bis 27 cm] Höhe und habe sie [2] möglichst oft in drei Wochen wiederholt: Im Beginn meiner Schmelzungen von starkbrechendem Glase hielten meine Häfen nicht stand, da das Gewicht doppelt so hoch war wie bei gewöhnlichem Glase.

Cette notice donnera a comprendre qu'un travail semblable de 30 Années consécutives m'a extrêmement couté, außi je déclare qu'il monte de 12 a 14 cent Louis, außi Ces sacrifices m'ottent les ressources a l'execution de plusieurs entreprises.

Diese Bemerkungen werden erkennen lassen, daß mir eine solche 30 Jahre lang fortgesetzte Arbeit ungemeine Kosten gemacht hat, auch erkläre ich, daß diese auf 12 bis 14 hundert Louisd'or [= 23 bis $26^{1}/_{2}$ tausend S.-M.] gekommen sind. Diese Opfer ließen mir auch keine Mittel übrig, um verschiedene Unternehmungen durchzuführen.

Dans l'intention de faire les Objectifs Acromatiques d'un grand diamettre, j'ai acheté une place de Moulin pour établir sur son courant d'eau les Machines propres a les polir, en même Tems je m'occupe a la construction de Moulin d'un nouveau mécanique, mes facultés m'oblige a aller bien lentement.

In der Absicht, achromatische Objektive von großem Durchmesser herzustellen, habe ich ein Grundstück für eine Wassermühle zum Betriebe von Poliermaschinen gekauft; zu gleicher Zeit beschäftige ich mich mit dem Bau einer Mühle neuer Bauart; doch erlauben mir meine Vermögensumstände nur sehr langsame Fortschritte.

1re Proposition.

Dans la suposition que l'Academie veut faire l'aquisition de ma sciance

1. Vorschlag.

In der Annahme, daß die Akademie willens ist, meine Kenntnis

a faire les verres il convient d'avoir un principe sollide, qui ne peut être que des échantillons qui serviront de base pour comparaison nous proposons de nouveau d'en faire incessament et de les envoyer a Munich, si l'académie les trouve bon; conformément a ma lettre du 25. Juin 1804, je m'y rendrai, ajoutant que mon fils m'y accompagnera pour nous y fixer l'un et l'autre moyennant qu'on nous envoye les fonds nécéßaires pour notre voyage, une Exemption par le Souverain de toutes Charges Militaires même en cas qu'il eut des Guerres a soutenir, et une aßurance que l'arrangement de part et d'autres sera stipulé de maniere a exclure toutes difficultés et inconvéniants, plus une exemption d'impots quel quonques. [3]

Si l'on nous donne des Eléves, il faudra les aprendre sur toutes les parties, se qui sera long, pour qu'oi nous nous réservons que pendant ce Tems on nous paye chaque piéce de verre ayant la qualité des échantillons de comparaison, même nous espérons que s'il y en a de supérieurs on aura la générosité de nous a loüer un prix d'encouragement a pousser la perfection plus loin; si ces Meßieurs ne veulent pas faire des Eléves, seulement avoir la science et les verres a leur dispositions nous nous engagerons a les faire et toujours payables comme il est dit cy deßous.

des Glasschmelzens zu erwerben, muß ich von einer festen Grundlage ausgehen, und diese kann nur von Musterproben geliefert werden, die als Vergleichsmaßstab gelten sollen. Wir schlagen von neuem vor, solche unverzüglich zu machen und sie nach München [zur Untersuchung] zu schicken, ob die Akademie sie gut befindet. In Übereinstimmung mit meinem Briefe vom 25. Juni 1804 will ich dorthin kommen, und füge hinzu, daß mein Sohn mich begleiten wird, um uns dort niederzulassen, vorausgesetzt, daß man uns die notwendigen Reisekosten schickt, ferner eine kurfürstliche Befreiung von Kriegsdiensten jeder Art — auch für den Fall, daß Krieg zu führen wäre —, und eine Sicherstellung dafür, daß das Übereinkommen auf beiden Seiten unter Vermeidung aller Schwierigkeiten und Unannehmlichkeiten abgefaßt werden solle, und außerdem die Freiheit von Zöllen jeder Art. [3]

Sollte man uns Schüler zuweisen, so müßten wir sie in alle Einzelheiten einweihen, was lange Zeit erfordern würde. Darum behalten wir uns vor, daß man uns während dieser Zeit jedes Glasstück von der Beschaffenheit der Musterproben abnimmt, ja wir hoffen, daß man großherzig genug sein wird, uns einen Anerkennungspreis zu noch weiterer Verbesserung zuzugestehen, wenn wir die Musterproben übertreffen. Wenn die Herren keine Schüler ausbilden lassen wollen, sondern sich mit der Kenntnis und mit den zu ihrer Verfügung stehenden Glasmengen genügen lassen, so verpflichten wir uns, sie herzustellen und zu den unten angegebenen Preisen bereitzuhalten.

2de Proposition.

Nous sommes dans le cas de faire des glaces, nettes sans filandres, sans Globules, et sans couleurs de 10 a 12 pieds d'hauteur de 6 a 7 pieds de diamêtre et de 8 a 9 lignes d'epesseur, bien supérieurs a celles de Paris.

C'est nous annoncer propre a ouvrir une nouvelle branche d'Industrie dans les Etats de S. A. S.me qui acuperoit bien des ouvriers, dont les matériaux seroïent pris dans ces Etats, et dont le travail vendu a l'Etranger feroit entrer de très grandes sommes, nous ne voulons pas nous étendre le Souverain en sentira Tous les avantages.

Nous demanderions 1°: Qu'on nous fournißent les fonds néceßaires a l'Etablissement d'une telle verrerie.

2°. Nous rendrons les glaces fondües, planes, droites, sans ondes, refléchißant mieux les objets que les connues. [4]

3°. Nous comprenons que malgré la perfection qu'elles auront sur celles de Paris il faut qu'on y puiße mettre des prix a faire concurance.

Opservations.

Les constructions de nos fours n'ont rien de commun a ceux des autres verreries, pour les verres a forte refrangibilité il nous en faut un pour la fusion de la composition, Un autre pour une segonde fonte, et un troisiéme pour les verres a vitrifier le verre a faible réfrangibilité, tous trois différents.

2. Vorschlag.

Wir sind in der Lage, Spiegelscheiben zu liefern, klar, ohne Schlieren, ohne Bläschen, ohne Farben, von 10 zu 12 Fuß [= 3¼ zu 4 m] Höhe, von 6 zu 7 Fuß [= 2 zu 2¼ m] Breite und 8 zu 9 Linien [= 1,8 zu 2,0 cm] Dicke, den Pariser Scheiben wesentlich überlegen.

Damit eröffnen wir in der Tat die Möglichkeit, einen neuen Erwerbszweig in den Staaten seiner Kurf. Hoheit entstehen zu lassen; er würde viele Arbeiter beschäftigen, die Rohstoffe wären aus dem Lande zu entnehmen; die in das Ausland verkaufte Ware würde sehr große Summen in das Land ziehen: wir wollen uns aber nicht darüber verbreiten, den Landesherrn alle diese Vorteile empfinden zu lassen.

Wir würden verlangen, daß man uns 1. die Betriebsmittel zur Errichtung einer derartigen Glashütte liefere.

2. Würden wir die Spiegelscheiben gegossen, eben, ohne Krümmung, ohne Wellen und mit besserer Spiegelwirkung als die bekannten liefern. [4]

3. Wir verstehen, daß man trotz ihrer Überlegenheit über die Pariser Scheiben für sie Preise verlangen würde, die den Wettbewerb erleichterten.

Bemerkungen.

Die Anlage unserer Öfen hat mit der in anderen Glashütten nichts gemein; für die hochbrechenden Glassorten brauchen wir einen für die Schmelzung des Glassatzes und einen andern für einen weiteren Schmelzvorgang; ein dritter dient zur Schmelzung des Glases von schwacher Brechung; alle drei sind ganz verschieden angelegt.

Les Terres argilleuses étant différentes en qualité il sera nécessaire d'en faire l'Epreuve avant de faire les Creusets a vitrifier la composition des verres a fortes réfrangibilités, encore on ne peut garantir que les fontes de ces verres reußiront toutes également.

J'espere qu'il ne peut y avoir de concurance a craindre vû les difficultés a vaincre, que les hommes entêtés a s'opiniatrer a rescidiver des experiances pendant si longtems et rebutantes chaques fontes, sont trop rare pour qu'il y aïe a craindre. [5]

Si l'on éprouvoit des inconvéniants a nous fourner les matériaux pour la composition du verre, alors nous nous en chargerons, en fixant le prix des piéces jugées égales aux échantillons de comparaison, un tiers plus que quand on nous fournira les dits Matériaux: les piéces de verres seront polies, planes de deux cottés afin qu'on puisse bien juger s'il ny a point de défauts.

Toutes piéces jugées inférieures aux Echantillons de comparaison nous serons rendües pour être mise aux rebuts.

Tarif des prix si nous fournissons la composition.

3 pouces de Diametre	6 Louis-d'or et	3 Louis-d'or
4 d^t	8 d^t et	4 d^t

Da die Arten von Tonerde von verschiedener Güte sind, so wird man sie notwendigerweise vorher untersuchen, bevor man die Schmelzhäfen für den Glassatz der hochbrechenden Glasarten herstellt. Auch kann man dafür keine Sicherheit geben, daß die Schmelzen solcher Glasarten alle gleich ausfallen.

Ich hoffe, daß man angesichts der zu überwindenden Schwierigkeiten hier keinen Wettbewerb zu befürchten hat, da es nur allzuwenig Menschen von derartig festem Willen gibt, daß sie sich in die Aufgabe verbeißen, die an sich abschreckenden Versuche lange Zeit hindurch für jede Schmelze zu wiederholen; daher ist deren Wettbewerb kaum zu befürchten. [5]

Empfindet man dabei Mißstände, uns die Rohstoffe für den Glassatz zu liefern, so würden wir diese Beschaffung übernehmen, und die Preise für Stücke, die den Musterproben gleichzuachten wären, um ein Drittel höher ansetzen, als es geschehen wäre, wenn man uns die genannten Rohstoffe geliefert hätte: Die Glasstücke würden als polierte Scheiben mit zwei ebenen Grenzflächen zu liefern sein, so daß man leicht beurteilen könne, ob sich Fehler darin befänden.

Alle Stücke, die schlechter als die Musterproben befunden würden, wären uns als unbrauchbar zurückzugeben.

Preisliste, wenn wir die Rohstoffe liefern.

3 Zoll [8 cm] Durchmesser
6 Louisdor [114 S.-M.]
u. 3 „ [57 „]
4 Zoll [11 cm] Durchmesser
8 Louisdor [152 S.-M.]
u. 4 „ [76 „]

5 pouces de Diamettre	11 Louis- d'or	et $5^{2}/_{4}$ Louis d'or	5 Zoll [$13^{1}/_{2}$ cm] Durchmesser 11 Louisdor [210 S.-M.] u. $5^{2}/_{4}$ „ [105 „]
6 d^t	16 d^t	et 8 dit	6 Zoll [16 cm] Durchmesser 16 Louisdor [305 S.-M.] u. 8 „ [152 „]
7 d^t	24 d^t	et 12 dit	7 Zoll [19 cm] Durchmesser 24 Louisdor [456 S.-M.] u. 12 „ [228 „]
8 d^t	36 d^t	et 18 dit	8 Zoll [$21^{1}/_{2}$ cm] Durchmesser 36 Louisdor [685 S.-M.] u. 18 „ [342 „]
9 d^t	53 d^t	et $26^{2}/_{4}$ dit	9 Zoll [$24^{1}/_{2}$ cm] Durchmesser 53 Louisdor [1010 S.-M.] u. $26^{2}/_{4}$ „ [505 „]
10 d^t	76 d^t	et 38 dit	10 Zoll [27 cm] Durchmesser 76 Louisdor [1440 S.-M.] u. 38 „ [722 „]
11 d^t	106 dit	et 53 dit	11 Zoll [30 cm] Durchmesser 106 Louisdor [2000 S.-M.] u. 53 „ [1000 „]
12 d^t	144 dit	et 72 dit	12 Zoll [$32^{1}/_{2}$ cm] Durchmesser 144 Louisdor [2750 S.-M.] u. 72 „ [1375 „]

Les prix cy dessus son pour le flinne glace } les prix cy dessus sont pour le Crouneglace

Die oben im Zeilenpaar stehenden Preise gelten für Flintglas. } Die unten im Zeilenpaar stehenden Preise gelten für Kronglas.

Ces prix seront d'un tiers plus bas si on nous fournis tout.

Die Preise sind um ein Drittel zu erniedrigen, wenn man uns alle [Rohstoffe] liefert.

Guinand fühlte sich also in seiner Kunst recht sicher und machte Versprechungen von Leistungen, wie er sie vorher noch nie ausgeführt hatte.

Diese Eingaben waren erfolglos und erst 1805 (28. Januar) trat Utzschneider mit Guinand in persönliche Beziehungen, die zu einem festen Abschluß führten.

Diesen Guinand gewann also Utzschneider nach Benediktbeuern, einem Kloster, das er nach der Säkularisation mit dem zugehörigen Grund und landwirtschaftlichen Einrichtungen erworben hatte und bewirtschaftete, um daselbst eine Hütte für Bereitung optischen Glases unter Leitung Guinands zu erbauen;

bestimmend für diese Wahl des Ortes war gewiß der große Holzreichtum der Umgegend, so daß der Betrieb der Hütte von dieser Seite her wenigstens nicht zu teuer kam. Es wurde also ein Ofen gebaut, die nötigen Gerätschaften beschafft, und GUINAND begann seine Tätigkeit mit wechselndem Glück; immerhin aber fielen die Erzeugnisse zu UTZSCHNEIDERS Zufriedenheit aus, welcher sich wahrscheinlich wieder auf das Gutachten seines optischen Schleifers NIGGL stützte, dessen Anforderungen das gelieferte Flint entsprechen mochte. So kam denn am 10. Mai 1806 zwischen UTZSCHNEIDER und P. GUINAND ein Vertrag zustande, welcher hier nach dem französischen Original und in Übersetzung folgt.

Erster Vertrag zwischen J. UTZSCHNEIDER und P. L. GUINAND.[1])

Le Referendaire intime de sa Majesté le Roi de Baviere JOSEPH VTZSCHNEIDER s'etant determiné dans l'achât du Couvent de Benedictbeurn d'eriger dans le dit Couvent une fabrique des principales qualites de Verre, — comme außi du flint- et Crown-glaß, qui jusqu'à present n'ont eté connus, que des Anglais; — et comme le dit Referendaire intime JOSEPH UTZSCHNEIDER sur ses plusieurs Voyages dans la Suiße a fait connoißance avec Mr PIERRE LOUIS GUINAND opticien aux Brenets dans le Comté de Neufchatel, et lui ayant trouvé beaucoup de connoißances pour la fabrication des Verres fins, — ils se sont accordés tous deux, c'est à dire, le Referendaire intime JOSEPH VTZSCHNEIDER, et l'opticien PIERRE LOUIS GUINAND, qui sur l'invitation du Referendaire intime JOSEPH VTZSCHNEIDER s'est rendu avec son epouse Me ROSALIE BOUBEROT dans le Couvent de Benedictbeurn, sur les points suivans:

Der Geheimreferendar Sr. Majestät des Königs von Bayern, JOSEPH UTZSCHNEIDER, hat sich beim Ankauf des Klosters zu Benediktbeurn entschlossen, daselbst eine Hütte für die verschiedenen Glasarten — darunter auch Flint- und Kronglas, das bisher nur in England bekannt ist — zu errichten; und da der genannte Geheimreferendar JOSEPH UTZSCHNEIDER auf seinen verschiedenen Reisen in die Schweiz mit Herrn PIERRE LOUIS GUINAND, Opticus in Les Brenets in der Grafschaft Neuenburg, bekannt geworden ist, sowie ihn im Besitze vieler Kenntnisse für die Herstellung feiner Glasarten gefunden hat, so haben sich alle beide, nämlich der Geheimreferendar JOSEPH UTZSCHNEIDER und der von eben diesem in Gemeinschaft mit seiner Frau ROSALIE BOUVEROT nach dem Kloster zu Benediktbeurn eingeladene Optiker PIERRE LOUIS GUINAND, über die folgenden Punkte geeinigt:

---

[1]) Das Original mit den Nachträgen ist von J. UTZSCHNEIDER eigenhändig geschrieben.

1°. Pierre Louis Guinand travaille les fours, et les Creusets pour la fabrication du Crown- et flintglaß, et fait dans cette fabrication tous les ouvrages de consequence avec l'aide de son epouse Me Rosalie Bouberot d'autant plus avec ses propres mains, que le Secret de cette fabrication de Verre, — dont la decouverte a exigé beaucoup d'experiences contantes aux deux contractans, — doit étre sevêrement gardé, et jamais communiqué à d'autres personnes; — il peut avoir des ouvriers neceßaires pour faire, ce qui n'est pas du Secret. —

2°. Comme le proprietaire du Couvent de Benedictbeurn le Referendaire intime Joseph Vtzschneider s'est également determiné, de peupler les vastes édifices du Couvent par des hommes utiles, il s'est proposé de faire travailler dans le lieu-même autant que poßible tous les Verres fabriqués, — c'est à dire, — d'eriger une fabrique des Lunettes acromatiques, et de prendre dans son Service les hommes neceßaires à cet effet, — d'après cela le Crown- et le flint-glaß ne doit pas étre vendu dans son etat cru. — L'institut pour la fabrication des instrumens d'astronomie à Munic, dont le Referendaire intime Joseph Vtzschneider est aßocié, sera le seul, qui contre le payement des frais de fabrication recevera quelques pieces de flint- et Crown-glaß de differente grandeur selon la demande, dont le nombre ne doit cependant pas surpaßer cinquante de chaque qualité par an; tout le reste du Crown- et flint-glaß doit étre travaillé ici, et employé dans la fabrique des Lunettes, dont pierre

1. Pierre Louis Guinand stellt die Öfen und die Häfen zur Herstellung des Kron- und Flintglases her und führt in diesem Verfahren alle wichtigeren Arbeiten zwar mit Unterstützung seiner Gattin, Frau Rosalie Bouverot, sonst aber um so mehr mit eigenen Händen aus, als das Geheimnis dieser Glasbereitung — dessen Entdeckung viele kostspielige Versuche von beiden Vertragschließenden erfordert hat — auf das strengste bewahrt werden muß und unter keinen Umständen Dritten mitgeteilt werden darf; für Arbeiten, die nicht zu dem Geheimnis gehören, kann er die nötigen Arbeitskräfte erhalten. —

2. Da sich der Besitzer des Klosters Benediktbeurn, eben der Geheimreferendar Joseph Utzschneider, in gleicher Weise entschlossen hat, die weiten Klostergebäude mit nützlich beschäftigten Menschen zu besetzen, so hat er sich vorgenommen, soweit wie möglich in dem Orte selbst das geschmolzene Glas verarbeiten zu lassen, d. h. eine Anstalt für farbenfreie Fernrohre zu errichten und die dazu notwendigen Arbeiter anzustellen, so daß demnach Kron- und Flintglas nicht in rohem Zustande verkauft werden darf. Einzig die Werkstatt für die Herstellung von Geräten zur Sternforschung in München, der der Geheimreferendar Joseph Utzschneider als Teilhaber angehört, wird gegen Bezahlung der Herstellungskosten auf Verlangen einige Stücke von Flint- und Kronglas in verschiedener Größe erhalten, deren Zahl übrigens nicht fünfzig Stück einer jeden Art im Jahre übersteigen darf; der gesamte Rest des Kron- und Flintglases soll hier verarbeitet und in der Anstalt für Fernrohre

Louis Guinand aura également l'inspection, et fera sôn mieux pour la reuißite de cette entreprise. —

verwandt werden, über die Pierre Louis Guinand ebenfalls die Aufsicht führen und dabei sein Mögliches tun soll, um dieses Unternehmen lohnend werden zu lassen.

3°. Outre la fabrication du Crown- et flint-glaß, qui restera toujours une partie separée, on erigera encore à Benedictbeurn une Verrerie pour du Verre blanc, qui doit exceller en bonté soit pour l'usage ordinaire, soit pour les Sciences. — /: On ne fabriquera pas du Verre verd à Benedictbeurn :/. — Pierre Louis Guinand se charge außi de cette partie et aura Soin, que les fours et les Creusets soient bien faits, et qu'en general toutes les affaires de fabrication de Verre aillent bien.

3. Außer der Herstellung von Kron- und Flintglas, die stets ein abgetrennter Betrieb bleiben soll, wird in Benediktbeurn noch eine Hütte für weißes Glas errichtet werden, das sich durch Güte sowohl für gewöhnliche als auch für wissenschaftliche Verwendung auszeichnen soll. (Grünes Glas soll in Benediktbeurn nicht hergestellt werden.) Pierre Louis Guinand übernimmt auch diese Abteilung und wird darauf sehen, daß Öfen und Häfen gut ausgeführt werden, und daß sich im allgemeinen die Geschäfte der Glasherstellung gut entwickeln.

4°. Pierre Louis Guinand reçoit du Referendaire intime Joseph Vtzschneider, — ou de son Succeßeur comme proprietaire du Couvent de Benedictbeurn, et des susdits Etablißemens — pour ses traveaux et inspections pour sa subsistance, — outre le logis et le bois, dont il aura besoin, — la Somme de cinqcents florins, monnaie de Baviere, par an, — ou — quarante et un florins quarante kreutzer par mois; — de plus — la cinquieme partie, de ce que gagnera avec la fabrique de flint- et Crown-glaß; — avec la fabrique des Lunettes, — et avec la fabrique du Verre blanc ordinaire le Referendaire intime Joseph Vtzschneider, — ou — son Succeßeur comme proprietaire; — le Bilan du calcul sera fait annuellement, /: à la fin de l'an 1807 pour la premiere fois :/ à la fin de chaque année; — le Bilan sera montré à pierre Louis Guinand, et il recevera contre quitance

4. Pierre Louis Guinand erhält von dem Geheimreferendar Joseph Utzschneider — oder von seinem Nachfolger im Besitz von dem Kloster zu Benediktbeurn und den obengenannten Anstalten — für seine Arbeiten und die von ihm zu leistende Überwachung zu seinem Unterhalt — außer der notwendigen Wohnung und Heizung — die Summe von fünfhundert bayrischen Gulden jährlich oder einundvierzig Gulden vierzig Kreuzer monatlich und darüber hinaus den fünften Teil des Reingewinnes sowohl der Hütte für Flint- und Kronglas mit der Anstalt für Fernrohre als auch der Hütte für gewöhnliches weißes Glas, weil dieser Reingewinn sich für den Geheimreferendar Joseph Utzschneider oder seinen Nachfolger im Besitz ergibt. Die Jahresabrechnung ist regelmäßig zu machen — Ende 1807 zum erstenmal — und Pierre Louis Guinand vorzulegen, dieser

Die Rettungsarbeiten zur Befreiung des verschütteten Fraunhofer
in Gegenwart des Kurfürsten Maximilian
Zeichnung von J. M. Mettenleiter (1765—1853)

annuellement la cinquiéme partie du gain net et pur.

5°. Pour l'indemnisation de l'opticien PIERRE LOUIS GUINAND à cause des experiences faites de son Coté pour la decouverte de la fabrication du flint- et du Crown-glaß, — en plus — pour garder plus sevêrement le Secret de cette fabrication, et des autres avantages lui communiqués, — qui seront entierement dans la disposition du Referendaire intime JOSEPH VTZSCHNEIDER / recevera le dit PIERRE LOUIS GUINAND du dit Referendaire intime JOSEPH UTZSCHNEIDER /: outre sa gage, dont est fait mention dans l'article precedent :/ cinqcents florins, monnaie de Baviere, dix années de Suite, c'est à dire, la Somme de cinq milles florins; — la premiere rate de cinqcents florins sera payé au premier Bilan de Calcul, et ainsi de Suite jusqu'à l'ecoulement de dix années, où ce payement finira. — Si PIERRE LOUIS GUINAND, ce que Dieu préserve, ne vivoit pas encore dix années, — alors le reste de ce payement doit étre fait à ses enfans, et heritiers dans les mêmes rates, comme il l'auroit reçu lui-même. —

6°. Pour l'indemnisation de Me ROSALIE BOUBEROT, mariée à PIERRE LOUIS GUINAND, pour son travail, en cas qu'on en aura besoin, et pour garder le Secret de la fabrication du flint- et du Crown-glaß, elle n'aura rien de separé pendant la Vie de son mari, qui la soutiendra; — mais aprés sa mort elle recevera du Referendaire intime JOSEPH UTZSCHNEIDER ou de son Succeßeur dans la proprieté de Benedictbeurn et des sus-dits etablißement la Somme de

soll jährlich gegen Empfangsbestätigung den fünften Teil des Reingewinnes erhalten.

5. Als Schadloshaltung des Opticus PIERRE LOUIS GUINAND für seinerseits angestellte Versuche zur Entdeckung der Herstellung von Flint- und Kronglas und außerdem zu strengerer Wahrung des Geheimnisses dieser Herstellung und anderer ihm übermittelter Kunstgriffe (über die ausschließlich der Geheimreferendar JOSEPH UTZSCHNEIDER verfügen soll) erhält der genannte PIERRE LOUIS GUINAND von dem genannten Geheimreferendar JOSEPH UTZSCHNEIDER (außer seinem im vorhergehenden Abschnitt erwähnten Gehalt) fünfhundert bayrische Gulden zehn Jahre hintereinander, d. h. im ganzen die Summe von fünftausend Gulden; die erste Zahlung von fünfhundert Gulden soll beim ersten Jahresabschluß erfolgen und so weiter bis zum Ablauf der erwähnten zehn Jahre, womit diese Zahlung aufhört. Wenn PIERRE LOUIS GUINAND, was Gott verhüte, nicht mehr zehn Jahre leben sollte, so soll der Rest dieser Zahlung an seine Kinder und Erben in den gleichen Zielen ausgehändigt werden, wie sie ihm selber gegenüber eingehalten worden wären.

6. Als Schadloshaltung von Frau ROSALIE BOUVEROT, PIERRE LOUIS GUINANDS Ehefrau, für ihre nötigenfalls zu leistende Arbeit und zur Bewahrung des Geheimnisses der Herstellung von Flint- und Kronglas wird während des Lebens ihres sie erhaltenden Gatten nichts Besonderes ausgeworfen werden; aber nach seinem Tode soll sie von dem Geheimreferendar JOSEPH UTZSCHNEIDER oder seinem Nachfolger im Besitz von Benediktbeurn und den

deux cents florins par an, monnaie de Baviere, pendant toute sa Vie, außi en cas qu'elle feroit un second mariage aprés la mort de PIERRE LOUIS GUINAND. —

7°. PIERRE LOUIS GUINAND choisira un de ses fils pour l'instruir dans tous les traveaux, de maniere que celui-ci pourra un jour étre en etat aprés la mort de son pere, de prendre sur soi toutes les affaires designées dans l'article 1°. 2°. et 3°, et les dirigera avec habileté, ordre, et probité; — le Referendaire intime JOSEPH VTZSCHNEIDER s'oblige de laißer succeder ce fils choisi de PIERRE LOUIS GUINAND aprés la mort de celui-ci dans les traveaux designés dans l'article 1°. 2°. et 3°. — comme außi dans les appointemens fixés et le benefice designés dans l'article 4°. — Ce fils, quand il sera à Benedictbeurn, recevera pendant la Vie de PIERRE LOUIS GUINAND une gage suffisante et proportionée à ses traveaux; mais — ce fils, etant aprés la mort de son pere en activité — est alors obligé d'instruir la personne, qui lui sera presenté pour le succeder par le Referendaire intime JOSEPH VTZSCHNEIDER ou son Succeßeur dans la proprieté de Benedictbeurn, et des dits etablißemens. —

8°. à la mort de PIERRE LOUIS GUINAND son Bien, qu'il aura laißé en Baviere, sera partagé parmi ses enfans legitimes et sa femme Mad[e] ROSALIE BOUBEROT en parties egales, et on effectuera ce qu'il ordonnera par rapport aux legats dans un testament ou codicille, qui sera fait

obengenannten Anstalten die Jahressumme von zweihundert bayrischen Gulden ihr ganzes Leben lang empfangen; auch in dem Falle, daß sie nach dem Tode von PIERRE LOUIS GUINAND eine zweite Ehe schließt.

7. PIERRE LOUIS GUINAND soll einen seiner Söhne wählen, um ihn in allen Arbeiten so zu schulen, daß dieser nach dem Tode seines Vaters einmal imstande sei, alle die in den Abschnitten 1, 2 und 3 aufgeführten Pflichten auf sich zu nehmen und sie geschickt, ordentlich und treu zu erfüllen. — Der Geheimreferendar JOSEPH UTZSCHNEIDER verpflichtet sich, diesen von PIERRE LOUIS GUINAND ausgewählten Sohn nach dessen Tode die Nachfolge für die in den Abschnitten 1, 2 und 3 aufgeführten Arbeiten antreten zu lassen, ebenso wie in dem festen Gehalt und dem Reingewinnanteil von Abschnitt 4. Wenn dieser Sohn sich in Benediktbeurn aufhält, so empfängt er bei Lebzeiten des PIERRE LOUIS GUINAND ein ausreichendes und seinen Arbeiten entsprechendes Gehalt, wenn aber dieser Sohn nach dem Tode seines Vaters im Beamtenverhältnis steht, so ist er dann verpflichtet, die Persönlichkeit zu schulen, die ihm als sein Nachfolger von dem Geheimreferendar JOSEPH UTZSCHNEIDER oder seinem Nachfolger im Besitz von Benediktbeurn und den genannten Anstalten zugewiesen werden wird.

8. Nach PIERRE LOUIS GUINANDS Tode soll seine Hinterlassenschaft in Bayern unter seine ehelichen Kinder und seine Gattin, Frau ROSALIE BOUVEROT, zu gleichen Teilen verteilt werden, auch wird man seine Weisungen für Zahlungen auf Grund eines Testaments oder Kodizills nach

d'aprés les loix de Baviere; — Car PIERRE LOUIS GUINAND se declare etabli en Baviere, et son met en ce cas soi-même; et son bien aux lois bavaroises. —

9°. Le Referendaire intime JOSEPH VTZSCHNEIDER, ou son Succeßeur dans la proprieté de Benedictbeurn et des dits etablißemens a la Surveillance sur tous les traveaux, fait le Choix des ouvriers, et se charge de la Vente des fabricats sous la raggion, qu'elle lui plaira de choisir, — tient les calculs, et les met chaque année detailés sous les yeux de PIERRE LOUIS GUINAND, qui les examinera, et les reconnoißant justes, il les signera pour approbation.

10°. Ce Contrat reçoit sa Valeur à dater du premier juin de l'an courant, en foi de quoi ce Contrat est signé par les deux contractans de leur propre main, en y apposant leurs cachets.

Fait à Benedictbeurn le 10.me de May 1806.

(L. S.) J. VTZSCHNEIDER Referendaire intime de S. M. le Roi de Baviere. m. p.

(L. S.) PIERRE LOUIS GUINAND, opticien.

P.S. Aprés la mort de Mr P.L. GUINAND Made son epouse ROSALIE BOUBEROT aura außi, — tant qu'elle vivra veuve à Benedictbeurn, — le logement, et le bois neceßaire.

vt supra
J. VTZSCHNEIDER.
m. p.

Articles Separés.

Comme Supplement au Contrat fait aujourd'hui entre le Referen-

Schweizer Recht ausführen; denn [im allgemeinen] bekennt sich PIERRE LOUIS GUINAND als in Bayern niedergelassen, und in dieser Eigenschaft selber mit seinem Besitz unter bayrischem Recht stehend.

9. Der Geheimreferendar JOSEPH UTZSCHNEIDER oder sein Nachfolger im Besitz von Benediktbeurn und den genannten Anstalten hat die oberste Aufsicht über alle Arbeiten, wählt die Arbeiter aus, übernimmt den Verkauf der Erzeugnisse unter den Geschäftsnamen[1]), die ihm belieben, führt die Bücher und legt die eingehenden Jahresabschlüsse PIERRE LOUIS GUINAND vor; dieser soll sie prüfen und sie, wenn richtig befunden, durch seine Unterschrift bestätigen.

10. Dieses Übereinkommen tritt mit dem 1. Juni des laufenden Jahres in Kraft und wird zum Zeichen dafür von beiden Übereinkommenden eigenhändig unterschrieben und mit ihrem Siegel versehen.

Geschehen zu Benediktbeurn am 10. Mai 1806.

J. UTZSCHNEIDER, Geheimreferendar S. M. des Königs von Bayern.
(L. S.) m. p.

(L. S.) PIERRE LOUIS GUINAND, Opticus.

N. S. Nach dem Abscheiden Herrn P. L. GUINANDS soll seine Gattin, Frau ROSALIE BOUVEROT, auch, solange sie in Benediktbeurn als Witwe leben sollte, ihre Wohnung und Brennholz nach Bedarf haben.

J. UTZSCHNEIDER.
m. p.

Besondere Abschnitte.

Als Ergänzung zu dem heute zwischen dem Geheimreferendar Jo-

[1]) Nach einer freundlichen Auskunft von Herrn Prof. H. Bühler.

daire intime Joseph Utzschneider et pierre Louis Guinand on a encore determiné les articles suivans:

1°. que Me Rosalie Bouberot epouse de pierre Louis Guinand recevera, même pendant la Vie de son mari, autant qu'elle travaillera pour le Salut de l'institut, à chaque Bilan annuel, s'il montre de profit, un don gratuit de dix huit Louisd'or, — le Louis à onze florins, — du Referendaire intime Joseph Utzschneider; — aprés la mort de son Mari pierre Louis Guinand ce don finira, et allors elle entre dans la pension, qui lui a eté designée à l'article 6°. du Contrat d'aujourd'hui.

2°. que si les fabrications de Flint- et Crown-glaß, — de Lunettes, — et de Verre ordinaire fleurisont, et que l'aspect d'un bon debit le conseillera, on erigera encore un four pour la fabrication du Verre coulé à Benedictbeurn; — cet etablißement sera mené à parties egales du gain et profit entre le Referendaire intime Joseph Utzschneider, et pierre Louis Guinand.

Fait à Benedictbeurn le 10.me de May 1806.

J. Vtzschneider Referendaire intime de S. M. le Roi de Baviere.

m. p.

Pierre Louis Guinand, opticien.

[...]seph Utzschneider und Pierre Louis Guinand abgeschlossenen Übereinkommen sind noch die folgenden Bestimmungen getroffen worden:

1. Frau Rosalie Bouverot, die Gattin von Pierre Louis Guinand, soll auch bei Lebzeiten ihres Mannes, je nachdem sie für die Anstalt arbeitet, bei jedem einen Überschuß nachweisenden Jahresabschluß eine freiwillige Gabe von achtzehn Louisdor — den Louis zu elf Gulden gerechnet — von dem Geheimreferendar Joseph Utzschneider erhalten; nach dem Tode ihres Mannes Pierre Louis Guinand hört diese Gabe auf, und sie erhält dann das Witwengehalt, das ihr im Abschnitt 6 des heutigen Übereinkommens ausgeworfen worden ist.

2. Ist die Herstellung von Flint- und Kronglas, von Fernrohren und von gemeinem Glas in Blüte, und läßt es die Aussicht auf einen guten Absatz ratsam erscheinen, so soll noch ein Ofen in Benediktbeurn für die Herstellung von gegossenem Glas errichtet werden; diese Anstalt soll so geführt werden, daß Gewinn und Verdienst zu gleichen Teilen zwischen dem Geheimreferendar Joseph Utzschneider und Pierre Louis Guinand geteilt werden.

Geschehen zu Benediktbeurn den 10. Mai 1806.

J. Utzschneider, Geheimreferendar S. M. des Königs von Bayern.

m. p.

Pierre Louis Guinand, Opticus.

Da es sich im Laufe der Zeit herausgestellt hatte, daß der erste vom Jahre 1806 manches für beide Seiten Unerfüllbare, Unzweckmäßige enthalten hatte, schloß man am 20. Februar 1807 einen neuen Vertrag. Auch dieser muß im Wortlaut gebracht werden; die Handschrift stammt von einem Schreiber.

Conventions entre Monsieur JOS. VTZSCHNEIDER Reférendaire intime de Sa Majesté le Roi de Bavière d'une Part, et Monsieur PIERRE LOUIS GUINAND, Opticien des Brennets Principauté de Neufchâtel en Suiße d'autre Part.

1°. Monsieur PIERRE LOUIS GUINAND s'engage pour Dix années consecutives à l'Institut mathematique de Monsieur Le referendaire VTZSCHNEIDER et ses aßociés établi à Munic, ou il sera occuppé de l' optique et principalement de la monture des Perspectives.

2°. Monsieur PIERRE LOUIS GUINAND ne peut ni renvoir ni renvoyer des Ouvriers, ni introduire dans les ateliers des Personnes connues ou inconnues sans l'approbation des Mrs. Le referendaire VTZSCHNEIDER et ses co-intéréßés.

3°. Sur l'invitation des susdits Mr. P. L. GUINAND se rendra plusieures fois dans l'année à Benedictbeurn, ou est établi le four et dependances par les soins et fraix de Mr. Le referendaire intime pour la fabrication du flint et Crown Glaß — Pour y faire des fondes des Verres néceßaires pour le susdit Etablißement.

4°. Mr. P. L. GUINAND s'engage d'instruire dans la fabrication du flint- et Crown Glaß la Personne qui lui sera désignée par Monsieur Le referéndaire VTZSCHNEIDER. Il lui est defendu de l'apprendre à tout autre Individu. En remplißant ces Conditions.

5°. Monsieur P. L. GUINAND aura pour ses Peines, Soins et pour l'In-

Abkommen zwischen Herrn JOS. UTZSCHNEIDER, Geheimreferendar Sr. Majestät des Königs von Bayern, auf der einen Seite, und Herrn PIERRE LOUIS GUINAND, Opticus von Les Brenets im Fürstentum Neuenburg in der Schweiz, auf der andern Seite.

1. Herr PIERRE LOUIS GUINAND wird für zehn aufeinanderfolgende Jahre für die Münchener mathematische Werkstätte des Herrn Referendars UTZSCHNEIDER und seiner Genossen verpflichtet, wo er mit optischen Gegenständen und namentlich mit dem Fassen von Fernrohren beschäftigt werden soll.

2. Herr PIERRE LOUIS GUINAND darf Arbeiter weder annehmen noch entlassen, noch auch bekannte oder unbekannte Personen ohne Zustimmung des Herrn Referendars UTZSCHNEIDER und seiner Teilnehmer in die Werkräume führen.

3. Auf Verlangen der Obengenannten soll sich Herr P. L. GUINAND mehrmals im Jahre nach Benediktbeurn begeben, wo sich die Schmelzhütte mit den Nebengebäuden befindet, errichtet auf Veranlassung und Kosten des Herrn Geheimreferendars zur Herstellung von Flint- und Kronglas, um daselbst die für die obengenannte Werkstätte nötigen Glasarten zu schmelzen.

4. Herr P. L. GUINAND verpflichtet sich, die ihm von dem Herrn Referendar UTZSCHNEIDER bezeichnete Persönlichkeit in der Herstellung von Flint- und Kronglas zu unterrichten. Ihm ist die Belehrung einer beliebigen andern Persönlichkeit rundweg untersagt, wenn er dieses Abkommen verwirklichen will.

5. Herr P. L. GUINAND soll für seine Bemühungen, Sorgfalt und den

struction de la Personne suivant l'art. 4 de la somme de *seize-cens* florins le Ld'or à f 11. fixe par an, et cela pendant Dix années consécutives à dater du 1er Mai 1807 jusqu'au 1er Mai 1816. un Logement convenable avec les Meubles nécéßaires pour lui et son Epouse et Cinq Cordes de Bois. — Le Logement qu'il occuppe dans ce moment au Couvent de Benedictbeurn lui sera egalement reservé avec deux Lits et Meubles qu'il aura besoin pendant son séjour — qu'exigent les Preparatifs et fondes des Verres mentionés. Les fraix de voyage de Benedictbeurn à Munic et de Munic à Benedictbeurn seront pour le Compte de Monsieur Le referendaire VTZSCHNEIDER et ses co-intéréßes — Madame son Epouse est obligé de l'accompagner et de l'aider dans ses travaux.

6°. Si Monsieur PIERRE LOUIS GUINAND ne survivoit pas aux Dix années pour lesquelles il est engagés, ce que Dieu preserve, ses Héritiers jouiront des dits f 1600.—. par an et leur seront payés d'année en année jusqu'a l'extinction du terme de son Engagement; mais s'il survivoit les Dix années, ce qui est a souhaiter, et que par son âge sa santé et sa vue s'affoibliroient tellement qu'il ne pourroit plus continuer ses travaux au dit Institut, Mr. Le référendaire VTZSCHNEIDER lui accordera une Pension de la somme de Huit Cents Florins le Ld'or à f 11. par an — avec un Logement qu'il lui désignera et Cinq Cordes de Bois. — Mais Monsieur P. L. GUINAND préferoit se retirer dans sa Patrie, il n'auroit ni Logement ni

Unterricht der Persönlichkeit nach dem Abschnitt 4 das feste Jahresgehalt von sechzehnhundert Gulden, den Louisdor zu 11 fl., und zwar für zehn aufeinanderfolgende Jahre vom 1. Mai 1807 bis zum 1. Mai 1816 erhalten, eine passende Wohnung mit dem nötigen Hausrat für ihn und seine Frau und fünf Klafter Holz. — Die zur Zeit von ihm im Kloster von Benediktbeurn bewohnten Räume werden ihm gleicherweise mit zwei Betten und dem Hausrat vorbehalten, wie er ihn bei einem Aufenthalt zur Vorbereitung und Ausführung der erwähnten Glasschmelzen braucht. Die Reisekosten von Benediktbeurn nach München und von München nach Benediktbeurn sollen auf die Kosten von Herrn Referendar UTZSCHNEIDER und seinen Teilnehmern vor sich gehen. Seine Frau Gemahlin hat ihn zu begleiten und ihn bei seinen Arbeiten zu unterstützen.

6. Wenn Herr PIERRE LOUIS GUINAND, was Gott verhüte, die zehn Jahre, für die er verpflichtet ist, nicht erleben sollte, so sollen seine Erben die genannten 1600 fl. im Jahre genießen, und sie sollen ihnen Jahr für Jahr bis zum Ablauf der Zeit seiner Verpflichtung ausgezahlt werden. Wenn er aber, was zu wünschen ist, die zehn Jahre erlebt, doch infolge seines Alters seine Gesundheit und sein Sehvermögen so abnehmen sollten, daß er außerstande wäre, seine Arbeiten an der genannten Werkstätte fortzusetzen, so wird ihm Herr Referendar UTZSCHNEIDER ein jährliches Ruhegehalt im Betrage von achthundert Gulden, den Louisdor zu 11 fl., gewähren mit einer ihm anzuweisenden Wohnung und fünf Klaftern Holz. — Aber

Bois de chauffage et n'auroit Droit qu'aux f 800.—. par an, qu'on lui remettra en Lettre de change sur la Suiße à la fin de chaque année, sous la Condition expreße qu'il ne puiße ni apprendre la fabrication du flint et Crown Glaß ni en vendre et encore moins prendre des Engagemens avec qui que ce soit sans le Consentement de Monsrs. Le reféréndaire et ses co-intéréßés.

[wenn] Herr P. L. GUINAND vorziehen sollte, nach seiner Heimat auszuwandern, so würde er weder Wohnung noch Heizung erhalten und hätte nur Anspruch auf 800 fl. jährlich. Diese sollen ihm dann am Ende eines jeden Jahres mit einem auf einen Schweizer Platz ausgestellten Wechsel zukommen unter der ausdrücklichen Bedingung, daß er weder die Herstellung von Flint- und Kronglas lehren noch solches verkaufen und noch weniger eine Anstellung [auf diesem Gebiet], bei wem es auch sei, ohne die Zustimmung des Herrn Referendars und seiner Teilnehmer annehmen darf.

7°. Monsieur Le référéndaire VTZSCHNEIDER fait des Vœux bien sinceres pour Conserver longtems Mr. P. L. GUINAND; mais si la mort le lui enlevoit, — Madame ROSALIE GUINAND née BOUBEROT son Epouse jouira d'une Pension [Pendant sa Vie (Randeinschaltung)] de Deux Cents Cinquante florins Le Ld'or a f 11.— par an, qui lui seront régulierement payé par trimestre. Elle aura egallement und Logement qu'on lui désignera avec cinq Cordes de Bois; mais à Condition qu'elle ne Communique le sécret de la fabrication du flint & Crown Glaß à qui ce soit. — Si la susdite Mde. ROSALIE GUINAND préfere paßer le reste de ses Jours dans sa Patrie, elle sera libre de s'y rendre, mais dans ce Cas elle ne pourra exiger autre chose que les susdits f 250.—. par an, qu'on lui fera tenir par Lettre de change à la fin de chaque année.

7. Herr Referendar UTZSCHNEIDER wünscht sehr aufrichtig, Herrn P. L. GUINAND lange erhalten zu sehen, wenn aber der Tod ihn ihm entführen sollte, so soll Frau ROSALIE GUINAND, geb. BOUVEROT, seine Gattin [während ihrer Lebenszeit (Randeinschaltung)] ein Witwengehalt von zweihundertundfünfzig Gulden, der Louisdor zu 11 fl., im Jahre erhalten, die ihr regelmäßig in Vierteljahrsposten zu zahlen sind. Ihr ist gleicherweise eine Wohnung mit fünf Klaftern Holz anzuweisen, aber unter der Bedingung, daß sie niemandem, wer es auch sei, das Geheimnis der Bereitung von Flint- und Kronglas mitteile. — Zieht die obengenannte Frau ROSALIE GUINAND vor, den Rest ihrer Tage in ihrem Vaterlande zuzubringen, so steht es ihr frei, dahin zu ziehen, doch kann sie in diesem Falle nichts weiter verlangen als die erwähnten 250 fl. im Jahre, die man ihr durch einen Wechsel am Ende eines jeden Jahres übermachen wird.

8°. Comme l'expérience a déja démontré aux deux Parties contrac-

8. Da die Erfahrung bereits beiden vertragschließenden Teilen gelehrt

tantes que dans les conventions on ne peut pas toujours prévoir tout les Cas, ils se donnent mutuellement leur Parole d'honneur d'ajouter par la suite au Present Contract tout ce qui leur Paroitra d'un avantage réciproque, et ce qui n'aura pas été prévû par cet acte. — Car Mr. Le referendaire cet sincerement attaché à Monsieur P. L. GUINAND par rapport à sa Probité — et ses connoißances, et cherchera toujours de vivre avec lui non seulement en parfaite intelligence, mais encore de faire pour lui toutes sortes de sacrifice qui dépendront de lui.

9°. Par le Présent traité, qui reçoit sa valeur à dater du 1r Mai 1807 celui qui a été fait entre les deux Parties contractantes le 10 Mai 1806 est entierement annullé, ayant reconnus l'Impoßibilité de son Execution, par plusieurs inconveniens et empechemens qui se sont élevés dépuis son Existance, et qu'il est inutile de nommer.

Le Present Contract a été fait double signé par les deux Parties de leur propre main et y ont apposé leurs cachets.

Fait à Benedictbeurn le 20. Fevrier 1807.

(L. S.) J. UTZSCHNEIDER
Referendaire intime de S. M. le Roi de Baviere.

m. p.
(L. S.) PIERRE LOUIS GUINAND.

hat, daß man in keinem Abkommen alle Möglichkeiten voraussehen kann, so geben sie sich gegenseitig ihr Ehrenwort, in der Folge zu dem vorliegenden Vertrage Zusätze zu machen, die beiden Teilen nützlich sind, aber in der vorliegenden Niederschrift nicht vorausgesehen wurden. Denn der Herr Referendar ist Herrn P. L. GUINAND seiner Rechtlichkeit und seiner Kenntnisse halber aufrichtig zugetan und wird immer suchen, nicht nur in vollkommenem Einverständnis zu leben, sondern auch ihm Opfer aller Art zu bringen, soweit sie von ihm abhängen.

9. Durch das gegenwärtige Abkommen, das vom 1. Mai 1807 in Kraft tritt, wird das zwischen beiden vertragschließenden Teilen am 10. Mai 1806 abgeschlossene vollkommen aufgehoben; sie haben beide die Unmöglichkeit von dessen Ausführung dadurch erkannt, daß sich verschiedene Unstatten und Schwierigkeiten im Laufe seines Bestehens ergeben haben, die zu nennen unnötig ist.

Das vorliegende Übereinkommen ist zwiefach ausgefertigt, von beiden Teilen eigenhändig unterzeichnet und mit ihrem Siegel versehen worden.

Geschehen in Benediktbeurn am 20. Februar 1807.

(L. S.) J. UTZSCHNEIDER,
Geheimreferendar Sr. Maj. des Königs von Bayern.

m. p.
(L. S.) PIERRE LOUIS GUINAND.

Von der Erlaubnis, seinen Wohnsitz auch außerhalb Benediktbeurn nehmen zu dürfen, hat GUINAND keinen Gebrauch gemacht, sondern blieb die Zeit seiner Zugehörigkeit zur UTZSCHNEIDERschen Anstalt in Benediktbeurn wohnen.

Wenn nun auch P. GUINAND in seinem, wie er es heißt, „Mémoire“ alle seine Kenntnisse und Erfahrungen über die Anfertigung des optischen Glases sowie das Wiedererweichen desselben und Senken (ramollieren, wie man es damals nannte) in runden Tonschalen zusammenfaßte[1]), wonach der Leser allerdings den Eindruck hat, daß GUINAND das Verfahren gut beherrscht, so gehörte doch von seiten UTZSCHNEIDERS ein großer Wagemut dazu, auf Grund dieses ein für die damalige Zeit einzig dastehendes Unternehmen zu errichten, GUINAND in ein werdendes Unternehmen hineinzustellen, ohne daß er vorher sich besser als in seiner kleinen Werkstätte zu les Brenets betätigt hatte; GUINAND fühlte sich, wie schon erwähnt, sehr sicher und gab große Versprechungen von Glasbereitung, wie er sie bisher noch nie ausgeführt hatte; auch das Gerät, welches GUINANDS eigenste Erfindung (1805) war, und das sich später als der Kern des ganzen Verfahrens erweisen sollte, der tönerne Rührzylinder zum Umrühren der flüssigen Glasmasse, war noch gar nicht praktisch im großen geprüft worden; um das gleich vorwegzunehmen, stellt der erwähnte Rührer wirklich die Lösung des Problems zur Herstellung eines durch die ganze Masse des Inhaltes eines Glashafens gleichmäßig dichten wellenfreien Glases dar, und auch heute noch bildet der Rührer — trotz allen technischen Fortschritten im Heizungswesen — neben dem Hafen das wichtigste Gerät des Glasschmelzers; der Rührer ist ein dicker Tonstab, welcher weißglühend in das flüssige Glas eingetaucht und darin senkrecht hängend im Kreise bewegt wird, um so die Glasmasse richtig umzurühren, die verschieden schweren Teile durcheinanderzubringen und eine gleichförmige Mischung zu erzielen. „Von ihrem Gelingen hängt die ganze Fabrikation ab[2]).“

Allen diesen Dingen haftete, wie gesagt, die im großen noch nicht versuchte völlige Neuheit an, welche ebensogut sich auch nicht bewähren konnte; UTZSCHNEIDER, welcher hier wirklich

[1]) S. die Inhaltsangabe des Mémoires durch M. v. ROHR am angegebenen Orte, P. L. GUINAND.

[2]) „Optisches Glas“ von Dr. E. BERGER, wissenschaftlichem Mitarbeiter des Jenaer Glaswerkes Schott u. Gen. Optische Rundschau. Schweidnitz (Schlesien): B. Köhn.

großzügig dachte, legte GUINAND keine Schwierigkeiten in den Weg und gab sich mit dem erzielten Glase zufrieden, wenn auch zweifellos — denn er war sonst sehr genau — ihm die Ausgaben für die vielen Versuche und Proben, oder die mißlungenen Schmelzen GUINANDS recht hoch erscheinen mochten; er ließ dies GUINAND in keiner Weise entgelten, obwohl er mehrfach klagt, daß kein geeignetes Glas zum fortlaufenden Betriebe der optischen Werkstätte mehr vorhanden sei.

War also die Glasbereitung, die Lebensfrage für den optischen Betrieb, annähernd gelöst, so müssen wir nun zu dem rein optisch-mechanischen Teil zurückkehren.

Wir verließen ihn, als der Optiker NIGGL die mathematischen Geräte mit Linsen versah. Sei es, daß dieser seiner Aufgabe nicht ganz gewachsen war, oder daß sonst Gründe vorlagen, einen Mithelfer ihm beizugeben, es erinnerte sich UTZSCHNEIDER des jungen FRAUNHOFERS, von dessen Streben, ein Optiker zu werden, er Kenntnis hatte und beauftragte nun den gelehrten Benediktinerpater und Mathematiker ULRICH SCHIEGG, den jungen Mann aufzusuchen und seine wissenschaftliche Ausbildung zu prüfen; die Erkundung scheint zur Zufriedenheit ausgefallen zu sein, FRAUNHOFER kam zu UTZSCHNEIDER, und nach kurzem Gespräch waren beide einig, so daß 1807 FRAUNHOFER neben NIGGL in die Werkstätte kam — als Zwanzigjähriger —, wo er sich zunächst noch unter SCHIEGGS Leitung als Berechner und Verfertiger von Objektiven betätigte.

Es wird überliefert, daß REICHENBACH, welcher eine große Menschenkenntnis besaß, trotz der dürftigen Erscheinung des schüchternen Jünglings, nach kurzem Gespräch vor UTZSCHNEIDER, SCHIEGG, LIEBHERR und dem Mechaniker ERTEL seiner Meinung Ausdruck verlieh mit den Worten: Das ist der Mann, den wir suchen, der wird uns liefern, was uns noch gefehlt hat. Seine Menschenkenntnis hat ihn nicht im Stich gelassen.

NIGGL schied Ende 1807 freiwillig aus dem Geschäft[1]) und war

---

[1]) SEITZ: Der Münchner Optiker JOSEF NIGGL. Central-Zeitung f. Opt. u. Mech. 1923, S. 150ff.

damit für unseren jungen FRAUNHOFER die Bahn frei, kein lastender Druck hemmte sein Streben mehr, und, wie oben dargestellt, war auch durch die Glashütte dafür gesorgt, daß die Beschaffung des Rohmaterials keine ständige Sorge bildete.

FRAUNHOFER begab sich von München nach Benediktbeuern, wo UTZSCHNEIDER jetzt neben seinen Glasöfen eine besondere optische Werkstätte errichtete, welche selbständig arbeitete, nebenbei aber auch die Gläser für die REICHENBACHschen Geräte lieferte. Außer den rein optischen Arbeiten widmete sich FRAUNHOFER dem Unterricht geeigneter Arbeiter, um so einen Stamm tüchtiger Optiker und Mechaniker heranzubilden, wie es in der Absicht REICHENBACHS gelegen hatte.

Vom Jahre 1809 an stand das ganze Werk — optischer und mechanischer Betrieb — unter FRAUNHOFERS Leitung, der damals eben 22 Jahre alt war.

Aus der Zeit von 1807 stammt auch FRAUNHOFERS erste Abhandlung über die Abweichungen der außerhalb der Achse auf Teleskopspiegel fallenden Lichtstrahlen, und daß hyperbolische Spiegel den parabolischen vorzuziehen seien; darin beschrieb er außerdem eine von ihm erfundene Maschine, durch welche die Flächen hyperbolischer und anderer Segmente geschliffen werden könnten; diese verlorengeglaubte Schrift ist nun wieder aufgefunden und dürfte in naher Zeit der Öffentlichkeit zugänglich werden. Bei dem zwischen UTZSCHNEIDER und FRAUNHOFER aufgestellten Geschäftsvertrag schloß ersterer katoptrische Arbeiten aus, um — wie er sich ausdrückte — FRAUNHOFER nicht zu zerstreuen und durch ein zu großes Arbeitsgebiet zu überlasten.

Die Linsenberechnungen erfolgten nach KLÜGELS Dioptrik, von welcher FRAUNHOFER C. A. STEINHEIL (dem Vater) gegenüber persönlich behauptete, daß dies das einzige Buch sei, was der Praktiker wirklich brauchen könne[1]).

Es ist fast unbegreiflich, wie der 22jährige Jüngling den ganzen Umfang des optischen Wissens der damaligen Zeit und der

[1]) S. o. FRAUNHOFER von Prof. Dr. Voit. Bayr. Industrie- und Gewerbeblatt, 1887, S. 3.

optischen einschließlich der zugehörigen mechanischen Praxis beherrschte und ihre einzelnen Vorgänge in den Kreis seiner Untersuchung zog, wie wir aus zahlreichen noch erhaltenen Aufzeichnungen — die sich hier leider nicht zur Wiedergabe eignen — noch jetzt ersehen können[1]); nur namentlich müssen die neu erfundenen Behelfe beim Linsenschleifen aufgeführt werden:

die Pendelschleifmaschine,
das Polieren nach dem Takt,
das Probeglas („Farbenfleckpolieren"),
das Sphärometer,
der Fühlhebel.

Trotz dieser grundlegenden Fortschritte in der Technik des Linsenschliffes fielen die Objektive durchaus nicht so vollkommen aus, wie FRAUNHOFER sie erwartete, und äußerte er sich über die Ursachen davon allerdings viel später (1825), jedoch damit den Beweis liefernd, daß er damals schon klar erkannte, womit allein die Anfertigung der Objektive auf die nötige Sicherheit zu stellen sei, folgendermaßen: „Die wichtigeren Ursachen, welche dieses Verfahren (d. h. mehrere Objektive zugleich zu schleifen und dann zu versuchen, unter diesen solche zusammenzustellen, welche die beste Wirkung geben) nötig machten, sind, daß teils die Theorie der achromatischen Objektive noch unvollkommen war, teils, daß das Brechungs- und Farbenzerstreuungsvermögen der Glasarten, welches bey der Berechnung als genau bekannt vorausgesetzt werden muß, durch die früher angewendeten Mittel nicht genau bestimmt werden konnte, teils endlich, daß man durch die Methode, deren man sich bisher zum Schleifen und Polieren der Gläser bediente, der Theorie nicht in dem Grade genau Folge leisten konnte, als es vorausgesetzt werden muß, wenn keine bemerkenswerte Undeutlichkeit entstehen soll[2])."

Im Verfolg dieser Erkenntnis suchte nun FRAUNHOFER im Spektrum verschiedener Flammen nach einfarbigem Licht oder

---

[1]) Zahlreiche Listen und Aufschreibungen in der Urkundensammlung des Deutschen Museums.

[2]) FRAUNHOFER, Über die Konstruktion des soeben vollendeten großen Refraktors ff. Schum. Astr. Nachr. B. 4 Nr. 72, 1826. S. 19.

gewissermaßen einer festen Marke und fand dabei zuerst die uns wohlbekannten Natriumlinien, die in allen Flammen vorkommen; bei seiner Versuchsanordnung: schmaler senkrechter Spalt, Prisma aus wellenfreiem Flintglas, Theodolitfernrohr auf das Sonnenlicht anwendend, sah er zu seiner außerordentlichen Überraschung das ganze Spektrum durchzogen mit zahlreichen senkrechten, schwarzen Linien, unter denen er auch die ihm schon bekannten gelben Linien an der gleichen Stelle, aber tiefschwarz, wiederfand; die vielen anderen bisher unbekannten Linien behielten ebenso wie die zwei gelben Linien ihren Platz unveränderlich bei — und damit waren nun für FRAUNHOFER die unveränderlichen Marken im Spektrum gegeben, nach denen sich die Brechungs- und Farbenzerstreuungswerte der verschiedenen Gläser aufs genaueste bestimmen ließen; auffallendste Linien bezeichnete er mit Buchstaben, bestimmte 574 Linien, maß ihre Abstände und traf sie auch — außer im Spektrum der Sonne — in dem heller Fixsterne (bereits schon die Unterschiede im Wesen der Spektra derselben beachtend!), auch im Lichte der Planeten, wobei er bereits erkannte, daß das Spektrum der Venus die Linien der Sonne enthalte; selbst das elektrische Licht prüfte er bereits.

Die Linien erhielten den Namen der FRAUNHOFERschen Linien, den sie noch heute führen, und der englische Einspruch, daß WOLLASTON die Linien zuerst gesehen habe, ist allerdings gültig, denn WOLLASTON sah sicher mehrere Linien, doch unternahm er nichts, um der Erscheinung weiter nachzugehen.

FRAUNHOFER ermittelte in gar nicht genug anzuerkennender Weise die Helligkeitswirkung im ganzen Spektrum, um das Brennweitenverhältnis der Kron- und der Flintlinse so zu bestimmen, daß die sekundären Abweichungen wegen des merklichen Ganges ihrer Zerstreuungsverhältnisse möglichst wenig schaden. Von der so berechneten Zahl ging er aus, änderte sie aber später noch nach sorgfältigen Versuchen etwas ab.

Jetzt war alles zusammengetragen, was sowohl zur genauesten Berechnung als auch denkbar bester mechanisch-technischer Ausführung der rechnerisch festgelegten Linsenform erforderlich war.

Damit hatte nun unter FRAUNHOFERS Führung das UTZSCHNEIDER-REICHENBACHsche Unternehmen alle ähnlichen Anstalten überflügelt, und man war begreiflicherweise gezwungen, die erreichten Vorteile — insbesondere die auf dem Gebiete der Flintglaserzeugung — sich durch strenge Geheimhaltung zu sichern; man machte da auch sonst gewiß vertrauenswürdigen Männern gegenüber keine Ausnahme, und die Glashütte war jedem Besucher verschlossen[1]).

Auch bei einer Veröffentlichung: Versuche über die Ursachen des Anlaufens und Mattwerdens des Glases und die Mittel, denselben zuvorzukommen[2]), betont FRAUNHOFER in einem Briefe an UTZSCHNEIDER ausdrücklich, er habe sich bei der Abfassung alle Mühe gegeben, sie so zu gestalten, daß auf die Glasanfertigung, wie man sie in Benediktbeuern ausführt, kein Rückschluß gezogen werden könne.

Nach diesen vorweggenommenen Darstellungen kehren wir zum Jahr 1809 zurück, in welchem also FRAUNHOFER einer der Leiter des UTZSCHNEIDER-FRAUNHOFERschen optischen Unternehmens geworden war.

Entsprechend den in jeder Hinsicht auf das höchste gesteigerten Leistungen der Werkstätte bekamen die FRAUNHOFERschen Fernrohre rasch einen weit verbreiteten Ruf, während dem Bedarf wahrscheinlich nur zum kleineren Teil entsprochen werden konnte, dafür aber um so mehr dies zum Bekanntwerden derselben beitrug; auch die Kriegszeiten halfen da mit, und außerdem hat UTZSCHNEIDERS Bruder PAUL, welcher in einer Porzellanfabrik zu Saargemünd tätig war, Fernrohre aus Benediktbeuern bezogen und sie an Bekannte weiterverkauft; es ist sogar zu vermuten[3]), daß durch PAUL UTZSCHNEIDER eine erhebliche Anzahl Fernrohre auch nach Frankreich gelangten.

Insofern also die Technik und Theorie der Objektive keine Schwierigkeiten mehr bot, war den Ausmaßen der Objektive nur durch die Größe der im Werke selbst erhaltenen wellenfreien

---

[1]) Brief an SCHWEIGGER (Deutsches Museum Akten 7414).
[2]) LOMMEL: J. v. FRAUNHOFERS ges. Schriften, München, k. Akademie.
[3]) Briefe im Besitz der Familie MERZ, München. S. 33ff.

gleichmäßigen Glasscheiben eine Grenze gezogen. Beginnen zwar die Prüfungen der Gläser mit Hilfe der Spektrallinien etwa vom Jahre 1814 an, so ist trotzdem anzunehmen, daß FRAUNHOFER an das zu verarbeitende Glas ganz andere Anforderungen stellte, wie etwa sein Vorgänger NIGGL, oder gar GUINAND selbst; anscheinend gab es sowohl bei FRAUNHOFER Unzufriedenheiten als auch dann bei UTZSCHNEIDER, welcher durch den Mangel an geeignetem Glas die Leistungsfähigkeit seiner Werkstätte und damit auch ihren Ruf beeinträchtigt sah.

Vom August des Jahres 1809 an wird der 22jährige FRAUNHOFER auf UTZSCHNEIDERS Anordnung hin dem 62jährigen GUINAND zur Einführung in das Schmelzverfahren beigegeben, in welchem er sich zunächst nur als Zuschauer betätigte; nach zweijähriger Teilnahme an den Schmelzen fand es UTZSCHNEIDER gut, die Leitung derselben FRAUNHOFER selbst zu übertragen (1811), womit wohl GUINAND als Untergebener FRAUNHOFERS in den Hintergrund gedrängt wurde.

Es wären nun an der Hand der Preisliste des Werkes vom Jahre 1811 die Schlüsse über die Gesamtleistungen zu ziehen.

Wir sehen hier als größtes Fernrohr eines mit 42 Pariser Zoll Brennweite (113,4 cm), mit Stativ und sanfter Vertikalbewegung durch eine schiefe Stange mit 2 irdischen und 5 astronomischen Okularen, Sonnenglas und Kasten — in Konventionsgeld 350 fl. Der Objektivdurchmesser ist nicht angegeben, er dürfte der Brennweite nach auf 8 cm anzunehmen sein. Dies war also damals wohl der größte regelmäßig hergestellte Tubus; die Liste zeigt auch, daß man sich schon 1811 außer anderen optischen Erzeugnissen der Mikroskopanfertigung widmete.

XIV.

Preiscurrent des optischen Instituts der Herren UTZSCHNEIDER, REICHENBACH und FRAUENHOFER zu Benedictbeuern in Baiern[1]).

Ein achromatisches Fernrohr, 52 par. Zoll lang, und von 42 Zoll Brennweite, mit Stativ und sanfter Vertikal-Bewegung durch eine schiefe Stange, mit 2 irdischen und 3 astronomischen Ocular-einsätzen, Sonnenglas und Kasten in Conventionsgeld 350 fl.

1) [Gilberts Annalen. 1811. **38**. 347.]

Ein gleiches, 27 Zoll lang, und von 20 Zoll Brennweite, mit Stativ, 1 irdischen und 2 astronomischen Oculareinsätzen, Sonnenglas und Kasten 110 fl.

Ein Zug-Fernrohr, 22 Zoll lang und von 16 Zoll Brennweite, ohne Stativ, mit 4 Röhren von Messing in einem Futteral $30^3/_4$ —

Ein gleiches, 18 Zoll lang und von 12 Zoll Brennweite $22^3/_4$ —

Ein See-Fernrohr, 27 Zoll lang und von 20 Zoll Brennweite, mit 2 Röhren von Messing, in einem Futteral $36^3/_4$ —

Ein gleiches, 22 Zoll lang, von 16 Zoll Brennweite $28^3/_4$ —

Theater-Perspective von Messing mit Doppel-Objectiven 5 fl. bis $6^1/_2$ —

Ein zusammengesetztes Mikroskop mit 4 achromatischen Linsen, 2 Ocularen, Apparat und Kästchen 77 —

Ein gleiches, mit 4 einfachen Linsen, 1 Ocular, Apparat und Kästchen 58 —

Loupen in Messing-Röhrchen $1^3/_8$ bis $1^1/_2$ —

Große Loupen in Messing, ohne Rohr $1^3/_4$ —

Ein Waarenlager hält in *München* JOSEPH LINDAUER und nimmt Bestellungen an.

Schon im nächsten Jahre fand man es notwendig, eine neue Preisliste herauszugeben, welche durch ihre verhältnismäßige Reichhaltigkeit die Fortschritte im Werke am besten erkennen läßt; der größte Tubus besitzt schon ein Objektiv mit über 10 cm Durchmesser und der Hinweis am Schlusse, daß man schon einen Refraktor mit $7^1/_4$ bayrischen Zoll ($18^1/_4$ cm) gefertigt hat und noch größere zu erreichen hofft, beweist, daß man dort seiner Sache schon sehr sicher war[1]).

Verzeichniß der optischen Werkzeuge, welche in dem optischen Institute zu Benedictbeurn, UTZSCHNEIDER, REICHENBACH, und FRAUNHOFER für nachstehende Preise im 24 fl. Fuß[2]) verfertiget werden.

Tubus von 58 Zoll Länge, 58 Zoll Brennweite, 41 Linien Oeffnung, mit Stativ, feiner Vertical-Bewegung, 2 irrdisch, 4 astronomischen Ocularen, Sonnen-Glas, Kasten 400 fl.

Tubus von 58 Zoll Länge, 48 Zoll Brennweite, 38 Linien Oeffnung, mit Stativ, feiner Vertical-Bewegung, 2 irrdisch, 3 astronomischen Ocularen, Sonnen-Glas, Kasten 350 fl.

Tubus von 42 Zoll Länge, 34 Zoll Brennweite, 32 Linien Oeffnung, mit Stativ, 1 irrdisch, 2 astronomischen Ocularen, Sonnen-Glas, Kasten 200 fl.

Tubus von 30 Zoll Länge, 22 Zoll Brennweite, 24 Linien Oeffnung, mit Stativ, 1 irrdisch, 2 astronomischen Ocularen, Sonnen-Glas, Kasten 110 fl.

---

[1]) Einem Abdruck im Bayr. Kunst- u. Gewerbeblatt 1815, S. 268 entnommen.

[2]) [Im 24 fl. Fuß ist 1 fl. = 1,95 S.-M. zu setzen.]

Fraunhofers Lehrbrief

Urkunde des Deutschen Museums, München

Fernrohr von 58 Zoll Länge, 48 Zoll Brennweite, 36 Linien Oeffnung, mit 2 Röhren, 1 irrdisch, 2 astronomischen Ocularen 160 fl.
Fernrohr von 58 Zoll Länge, 48 Zoll Brennweite, 33 Linien Oeffnung, mit 2 Röhren, 1 irrdischen Ocular 94 fl.
Fernrohr von 42 Zoll Länge, 34 Zoll Brennweite, 30 Linien Oeffnung, mit 2 Röhren, 1 irrdisch, 2 astronomischen Ocularen 105 fl.
Fernrohr von 42 Zoll Länge, 34 Zoll Brennweite, 28 Linien Oeffnung, mit 2 Röhren, 1 irrdischen Ocular 74 fl.
Fernrohr von 30 Zoll Länge, 22 Zoll Brennweite, 21 Linien Oeffnung, mit 2 Röhren, 1 irrdischen Ocular 37 fl.
Fernrohr von 25 Zoll Länge, 18 Zoll Brennweite, 17 Linien Oeffnung, mit 2 Röhren, 1 irrdischen Ocular 29 fl.
Zug-Fernrohr von 30 Zoll Länge, 22 Zoll Brennweite, mit 4 Röhren von Messing, im Futterale 43 fl.
Zug-Fernrohr von 25 Zoll Länge, 18 Zoll Brennweite, mit 4 Röhren von Messing, im Futterale 30 fl. 48 kr.
Zug-Fernrohr von 20 Zoll Länge, 14 Zoll Brennweite, mit 4 Röhren von Messing, im Futterale 22 fl. 48 kr.
Theater-Perspectiv von Messing mit doppeltem Objectiv 6 fl. 30 kr.
detto von Messing mit einfachem Objectiv 5 fl.
detto von Messing mit einfachem Objectiv 4 fl.
Zusammengesetztes Microscop, mit 4 achromatischen Objectiven, 2 Ocularen, Apparate und Kästchen 77 fl.
Zusammengesetztes Microscop, mit 3 Objectiven, 1 Ocular, Apparate und Kästchen 58 fl.
Luppen in Messing-Röhrchen 1 fl. 24 kr.
Detto größere 1 fl. 30 kr.
Detto große in Ringe gefaßt 1 fl. 48 kr.

Die angesetzten Dimensionen sind in baierischen Zollen zu verstehen.

Das optische Institut beschäftigt sich auch, unter der unmittelbaren Aufsicht und Bemühung seiner Mitglieder, mit der Verfertigung großer Achromatischer Refractoren. Es gelang bereits ein Refractor von $7^1/_4$ Zoll Oeffnung, und 9 Fuß Brennweite, welcher paralaktisch aufgestellt, und durch ein Uhrwerk der Bewegung der Sterne folgt. Noch größere, die mit allem Rechte den Namen Riesen-Refractoren verdienen, sind in Arbeit, man hoffet es bald bis zu 10, vielleicht auch 12 Zoll Oeffnung zu bringen. So ist auch ein großes Microscop mit achromatischen Objectiven von vorzüglicher Wirkung fertig geworden.

München den 18. November 1812.

Daraus aber geht hervor, welchen Einfluß der Fortschritt der Glashütte bei Herstellung großer Scheiben optischen Glases auf die Leistungen des Werkes im allgemeinen hatte und warum Utzschneider durch die Beistellung Fraunhofers zu den Schmelzen optischen Glases sie auf jede Weise zu fördern wünschte.

Bewundernswert muß der innere Betrieb durch FRAUNHOFER bis in alle Teile hinab geordnet gewesen sein, wenn auch er selbst wohl den meisten Teil seiner Aufmerksamkeit der rein optischen Abteilung zugewendet hat, und zeigt ein Brief an UTZSCHNEIDER, wie FRAUNHOFER den Betrieb zu gestalten wünscht, unmittelbar bevor er in eine leitende Stellung einrückte.

(Antwort auf Utzschn. Brief v. 21. Jan. 1809 bezw. 28. Jan.)

Euer Gnaden. (Bbeuern 26. Jan. 1809.)

Sie erhalten das Fernrohr, welches ich Ihnen hier schon gewiesen habe; Hr. BLOCHMANN arbeitet an 6 anderen, die innerhalb 10 Tagen fertig sein sollen. Die 8 großen Objektive sind fertig, ich warte nur auf einen heiteren Tag, um sie zu untersuchen, nächsten Botentag werde ich sie dann endlich fortschicken können; soviel glaube ich bei der ungünstigen Witterung gesehen zu haben, daß sie viel besser sind als die für Hrn. VON PASBENISCH[1]). Ich habe nun wieder ein anderes zu einem kleinen Passage Instrument in Arbeit, welches in 14 Tagen fertig ist. Daher wünschte ich, daß sich Hr. Haupt. REICHENBACH das Zustreichen der Objektive hierfür ersparen möge, im Fall dieses Objektiv noch besser würde, so konnte man es für Hr. ORIANI nehmen; in Hinsicht der Größe und Brennweite wird es einerlei. Die 12 Objektive zu BORDAschen Kreisen sind ebenfalls [fertig?].

Ein Plan für das opt. Institut, an dem man sich buchstäblich zu halten hat, ist zu dem weiteren Fortkommen desselben unumgänglich nötig. Nach diesem sollte zuvörderst das Mechanische Institut mit Gläsern versehen werden u. damit selbes sicher zufrieden gestellt ist, so werde eine Zeit festgesetzt, in der es nach der Bestellung die Gläser erhalten muß z. B. bei großen Gläsern von Wichtigkeit 3 oder 4 Monate bei kleineren 2. hier ist aber vorausgesetzt, daß vorher die schon gemachte Bestellung in Hinsicht der großen Gläser befriedigt sein muß, ehvor dieses Gesetz eintreten kann, bei den kleineren Gläsern kann es sogleich angenommen werden. Ferners müssen die Gläser, die das Institut empfängt von erster Güte sein. im Fall dieses nicht ist, so kann es die Gläser wieder zurückstellen u. es müssen sogleich andere gemacht werden. Auf diese Art wird dann das mech. Inst. beruhigt, welches ich vor allem wünsche. Was dann weiter an Zeit übrig bleibt, sollte ganz zu gemeinen Perspektive angewendet werden u. von diesen sollten 3 Gattungen gemacht werden, nemlich solche wozu man 12, 16 u. 19zöllige Objektive benutzt, größere findet selbst unter den englischen Seeperspektiven man nur sehr wenige, daher kann man sie noch lange entfernt hallten, die Fernrohre mit Stativen u. die Platierten mögen meinen Wünschen nach noch lange nicht gemacht werden, bis der Gewinn des optischen Instit. so ziemlich in Plus gekommen ist, damit nicht eines

---

[1]) [Von FRAUNHOFER falsch geschrieben. Nach Pogg. Johann PASQUICH (geb. 1753, gest. 1829), von 1803—24 Astronom an der Universitätssternwarte zu Ofen].

durch das andere in Stocken gerät, besonders da die Plattierten viele Vorrichtung kosten; sind die messingenen Fassungen gut in Gang, so sollten 2 Gattungen Plattierte gemacht werden, nemlich Operngucker auch mit 19zölligen Objektiven u. von denen mit Stativ höchstens 2 Gattungen. Bei jeder Gattung der messingen Perspektive werden 2 Grad der Güte vorkommen müssen. In Hinsicht der Gläser werde ich dafür zu sorgen haben daß beständig alle Schleifmaschinen in Bewegung sind, wonach ohnedem was für d. Mechan. Instit. gemacht wird, täglich ein Fernrohr gemacht werden könnte, was gegenwärtig schon sehr nahe erreicht ist. Wird dann täglich ein Fernrohr mit Fassung fertig, so kann man darauf denken noch mehr Schleifmaschinen zu bauen u. Leute zu denselben zu lernen.

Besonders wünschte ich sehr bald noch eine große Schleifmasch. bauen zu können, die etwas kleiner sein dürfte, als die jetzige zu der dann unter einer genauen Aufsicht einer der geschicktesten Arbeiter gestellt würde. ich werde dann die Gläser von erster Größe schleifen, die übrigen werden dann geschicktesten Arbeitern anvertraut. Auf diese Art wird wieder nicht nur das Institut sicher beruhigt, sondern es könnten auch noch größere Fernrohre ohne Instrumente in die Welt geschickt werden was baldig zu wünschen sein möge. Zugleich hätte ich Zeit noch größere Gläser zu schleifen als bisher gemacht worden sind, welches Hr. Hauptm. REICHENBACH's u. mein Wunsch ist u. besonders da die achrom. Objektive noch vielle Verbesserung fähig sind; überdies hätte man noch den wichtigen Vorteil bei großen Gläsern nicht so sehr nach Menge als vielmehr nach Güte zu arbeiten um welch letzteres es hauptsächl. zu tun ist. Meine Beschäftigung ist also Aufsicht über das ganze Institut, das Schleifen der wichtigsten Gläser, Rechnung u. Prüfung aller Gläser, dieses verträgt sich sehr wohl alles mit einander. Damit in Zukunft Hr. GUINAND nützlicher beschäftigt wird als bisher, so arbeitet er an Fassungen zu Perspektiven u. macht immer eine Gattung, ich mache ihm die Zeichnungen u. sorge fürs Messing, Gläser u. überhaupt für alles, was er braucht u. sehe auch von Zeit zu Zeit in seinen Arbeiten nach damit alles (unnütze entfernt bleibt) nachteilige entfernt bleibt, er arbeitet gegenwärtig wirklich an 6er Perspektiven u. fügt sich bis jetzt sehr willig dazu u. damit er nicht nötig hat sich wie bisher im Sommer mit Abschleifen des rohen Flintglases zu beschäftigen, so kann man ihm um selbe Zeit einen Taglöhner dazu halten. Übrigens ist sehr zu wünschen, daß er mit seinen besondern Wünschen kein Gehör empfängt. Denn nach seinen Äußerungen wisse er eine besondere Art Glas zu schleifen wobei man nicht so viel Maschinen bräuchte als bei der unsrigen. Er zeigte auch schon Lust Glasschliffe zu drehen allein dazu ist er bestimmt nicht zu gebrauchen. Das einzige sind die Fassungen, u. wenn man ihm auf andere Sachen kein Gehör gibt, so ist er auch ruhig. Hr. BLOCHMANN wird Ihnen seine Erfahrungen geschickt haben, er wünscht nemlich, wir er mir sagt, die Fassungen alle in Accord zu bekommen u. daß er darauf auf seine Kosten Leute halten dürfen. Messing u. überhaupt Zugröhren müßten von dem Institut zu geschaft werden, Werkzeuge werden von dem Institut geschaft, unterhalten aber werden sie von Hrn. BLOCHMANN nur die Materialien werden von dem Institut nachgeschaft.

Was dann meine Verhältnisse anbelangt, so würde ich damit am besten aufgefordert sein beständig für das Institut zu sorgen, wenn ich Anteil an demselben bekomen könnte, dieses ist aber für jetzt wo meine Verdienste noch von geringer Bedeutung sind eine dreiste Forderung allein da das Wohl des Instituts damit verbunden sein mag so habe ich diesen Gedanken gewagt u. besonders da Sie sich selbst schon so äußerten. Überhaupt ziehlen meine Wünsche nach einem festen dauerhaften Etablissement. Da ich bei dem opt. Instit. die Möglichkeit desselben sehr wohl einsehe, so habe ich meine Kräfte wohl einzig auf dasselbe gewendet. Ich wünschte ferner, daß für den Fall ich mich verheiraten sollte, eine schriftl. Ubereinkunft getroffen werden möge, wo dann für die möglich eintretenden Fälle gesorgt ist.

Über den Glasschmelzer GUINAND wollte hiernach FRAUNHOFER als Vorgesetzter verfügen.

Es wird überliefert, daß FRAUNHOFER alle fertigen Objektive selbst geprüft und fehlerhafte (doch nur die kleineren!?) mit einem Hammer, der neben ihm lag, rücksichtslos zerschlagen habe. Das dürfte wohl richtig sein; erhalten ist eine Liste mit Einträgen von FRAUNHOFER selbst über in der Werkstätte hergestellte Objektive, welche, nach ihrer Güte geordnet, nach ihrer Herstellung aus den numerierten Glassorten ausgeschieden, sowohl eine Übersicht über den allgemeinen Betrieb als auch die Ergiebigkeit einer Schmelze an brauchbarem Material geben.

Über die Zahl der bei der mechanischen und optischen Abteilung des Betriebes einschließlich der Arbeiter in der kleinen Glashütte, waren nach dem bis jetzt vorliegenden Material nur Mutmaßungen anzustellen; doch findet sich im Besitz der MERZschen Erben eine Liste, etwa aus dem Jahre 1810, 1811, mit namentlicher Aufführung der militärpflichtigen Arbeiter des UTZSCHNEIDER-FRAUNHOFERschen Werkes; es waren dies im ganzen 48 Leute; sie teilen sich in 5 Dreher, 20 Glasschleifer, 2 Rohrzieher, 2 Radtreiber, 1 Gießer, 1 „Optikus“, 2 Gürtler, 1 Heizer und 14 Leute ohne besondere Anführung ihres Berufes. Unter den letzteren steht auch PETER GUINAND, 71 Jahr, und seine Frau ROSALIE, 32 Jahr alt, beide von Aargau in der Schweiz; GUINANDS Alter ist falsch angegeben, er war damals (1811) 63 Jahre alt. Der „Optikus“ ist ein „WILHELM STRAHL von Stuttgart, 21 Jahr“, der uns später wieder begegnen wird.

Auch ein MARTIN WÖRLE aus Kohlgrub, 15 Jahre alt, Glasschleifer, dessen Eltern Glashändler dort waren, ist aufgezählt, und war dies derjenige, welcher in den 30er Jahren in Kohlgrub bei Murnau ein kleines optisches Werk (später in München) errichtete, in dem er seine in Benediktbeuern erworbenen Kenntnisse für sich auszunützen hoffte; die Werkstätte ging bald ein.

Eine Notiz vom Jahre 1820[1]) besagt, daß in und um Benediktbeuern einige 100 Personen durch die Anstalten dort ihren Unterhalt verdienen.

Es herrschte also in dem sonst völlig ländlichen Dorfe Benediktbeuern ein reges Leben, das alle Erwerbskreise dort umfaßte; außerdem aber begaben sich bald alle damaligen Größen der Wissenschaft dahin, wo sie — als Gäste UTZSCHNEIDERS — bei FRAUNHOFER selbst seine Entdeckungen bewundern konnten. Doch nicht allein Gelehrte verkehrten dort, auch viele Leute von Stand kamen, um die Einrichtungen des UTZSCHNEIDERschen Besitzes kennenzulernen.

Es sind in einem kleinen unausgeschriebenen Notizbuch FRAUNHOFERS, erhalten aus dem Jahre 1816/17, auf einigen Seiten mit Bleistift[2]) eingetragen: Herzog DALBERG, Graf PALEN[3]), Prof. GAUSS, MONTAIRO[4]), Professor aus Portugal 1816; dann der Astronom SCHUMACHER aus Kopenhagen, Graf MONTGELAS, Graf ARCO, General LAGARDE, französischer Gesandter in München, Hofrat VOIGT und Professor MÜNCHOW aus Jena (Mathematiker) 1817; der Besuch des mit UTZSCHNEIDER besonders befreundeten schweizerischen Forst- und Bergrates ZSCHOKKE ist für den 4. Juli 1817 eingetragen.

Mit dem einen oder anderen der Besucher und FRAUNHOFER wird sich ein näherer Verkehr ausgebildet haben, der auch späterhin

---

[1]) Handb. f. Reisende i. d. südl. Gebirge von München 1820, „Benediktbeuern".

[2]) Urkunde des Deutschen Museums Nr. 5403.

[3]) [Wahrscheinlich FRIEDRICH Graf v. d. PAHLEN, der eine Zeitlang russ. Gesandter in München war].

[4]) [Nach Pogg. wahrscheinlich der Mineralog JOAO ANTONIO MONTEIRO (geb. 1758), der 1816/17 in Freiberg und München lebte].

zu einem andauernden Briefwechsel führte, wie wir das z. B. von dem Astronomen SCHUMACHER, dem Herausgeber der „Astronomischen Nachrichten“, wissen.

Auch Graf MONTGELAS scheint an FRAUNHOFER Gefallen gefunden zu haben, wie aus folgender Mitteilung zu schließen ist[1]): „Wie einsam war die Gegend noch, als Minister Graf MONTGELAS mit FRAUNHOFER vom Kochelsee zu dem 620 Fuß höheren Spiegel des Walchensees hinanstieg.“

Obwohl also die Zeit FRAUNHOFERS sicher sehr in Anspruch genommen war, scheint er doch zu seiner Erholung, und um von der anstrengenden Arbeit auszuruhen, Spaziergänge in der Nähe Benediktbeuerns sehr geliebt zu haben, wie dies durch mündliche Überlieferung weitergegeben wurde.

Die Zeit um 1809 mit dem Kriege in Tirol ging auch an Benediktbeuern nicht spurlos vorüber; es gab dort Einquartierung, und dem nur um seine Wissenschaft bekümmerten FRAUNHOFER mißfiel das militärische Treiben dort als höchst störend und unerfreulich [2]).

Neben den beruflichen Pflichten, wie Berechnung der Objektive, Glasbereitung und Beaufsichtigung des ganzen Betriebes, war seine Zeit zweifellos, wie aus den jetzt erst aufgefundenen sehr zahlreichen Briefen (UTZSCHNEIDER- und MERZischer Besitz) erhellt, außerordentlich in Anspruch genommen. FRAUNHOFER hatte die Gewohnheit, für alle irgendwie wichtigeren Mitteilungen, Briefe, Veröffentlichungen Entwürfe anzufertigen, welche uns, wie sich nunmehr herausstellt, zu einem erheblichen Teil erhalten sind; vieles davon mag nach dem Entwurf von anderer Hand rein geschrieben worden sein, während die rein persönlichen oder die dem Ausdruck einer besonderen freundschaftlichen Gesinnung dienenden Briefe nach dem ersten Entwurf von ihm selbst nochmals abgeschrieben wurden.

Bei dieser Gelegenheit mag über FRAUNHOFERS Handschrift einiges

---

[1]) Merkwürdiges auf der Bahn von Wolfratshausen nach Kochel, von Prof. Dr. J. SEPP. S. 66. München 1898. C. Kössel.

[2]) Veröffentlichung eines darauf bezüglichen Aktes durch Oberarchivrat Dr. SCHRAUDNER steht bevor.

bemerkt werden; wir wissen, daß der Knabe, als er nach München zu seinem Lehrherrn WEICHSELBERGER kam, eben des Lesens und Schreibens kundig war, wie er überhaupt gezwungen war, in der Feiertagsschule das nachzuholen, was ihm die Volksschule zu Straubing hätte fürs Leben mitgeben sollen. Verstreut in verschiedenen Akten, fanden sich optische Rechnungen, deren Schrift den späteren FRAUNHOFERschen Schriftzügen durchaus unähnlich und bisher als Abschriften von fremder Hand anzusehen waren. Der Umstand, daß gerade diese Papiere Rechnungen nach KLÜGELS Dioptrik enthielten und FRAUNHOFER dieses Buch ganz besonders schätzte, führte darauf, es lägen hier die eigenhändigen schriftlichen Arbeiten vor, welche FRAUNHOFER, als er sich nach der Feiertagsschule dem Selbststudium widmete, anfertigte. Die Schriftvergleichung mit seinen Privatpapieren aus der Jugendzeit erwies die Vermutung ebenfalls als richtig. Man sieht ohne weiteres die noch ungeübte Hand, welche die Schriftzüge „malt"; allein rasch verschwanden diese Züge, um einer sehr veränderten Schrift Platz zu machen, welche überhaupt in ihrer Größe vielfach wechselt, aber an Unleserlichkeit zunimmt; bei der Hast und Eile des von Arbeit gehetzten Mannes mußte sich notwendig die Schrift ändern, die im Gegensatz zu früher schlecht und flüchtig wurde. Vielfach steht FRAUNHOFER mit der Rechtschreibung auf Kriegsfuß und wählt seine Schreibweise nach der Art, wie man das betreffende Wort in Ober- oder Niederbayern aussprach. Es darf nicht als Mangel an Ehrfurcht vor dem genialen Mann angerechnet werden, wenn einige Beispiele für das Gesagte angeführt werden, wie z. B.: Schallen — Schalen, Bech — Pech, bochen — pochen, Damperofen — Temperofen, geklüht — geglüht, aussießen — aussüßen.

Solche Schreibfehler dürfen FRAUNHOFER um so weniger angerechnet werden, als sein Freund UTZSCHNEIDER auch die gleichen Fehler, wie z. B. bochen, Bochwerk, statt pochen, Pochwerk, unterlaufen. Öftere Auslassungen von Worten, Endbuchstaben beweisen bloß die Schnelligkeit, mit der die Notizen in der Werkstatt, in der Schmelzhütte, die Bemerkungen bei Arbeiten oder eine eben ins Bewußtsein tretende Überlegung, ein Zweifel, eine

Frage des stets in seinem Fache geistig lebenden Mannes festgehalten werden mußten.

Eine Sonderstellung nehmen die Briefe FRAUNHOFERS an JUNGWIRTH, eine Art Vorarbeiter bei dem Hüttenbetrieb, welchem FRAUNHOFER viel Vertrauen schenkte, ein. Umfassen zwar diese im Besitz der Urkundensammlung des Deutschen Museums befindlichen Briefe die spätere Zeit von 1820—1824, so dürfen sie doch schon als Proben des Schriftwechsels an dieser Stelle gebracht werden. Der Inhalt ist ausschließlich ein geschäftlicher, äußerst sachlich, und irgendwelche wohlwollende Redewendungen finden sich nirgends. Da von 1819 ab FRAUNHOFER sich in München befand, betrifft vor allem der Briefinhalt seine Abreise und Ankunft in Benediktbeuern, um dort eine Schmelze auszuführen; die hierzu nötigen Vorbereitungen hat JUNGWIRTH zu besorgen, ebenso auch, ob FRAUNHOFER ein kleines „Wägerl" mit Pferd ihn in Wolfratshausen — ungefähr die Mitte des Weges München — Benediktbeuern — abholen soll oder nicht. Es fehlt auch nicht an kräftigen Ermahnungen, ebensowenig macht FRAUNHOFER aus seiner Unzufriedenheit, wenn sie eintrat, ein Hehl. Die Kürze und Sachlichkeit kann als ein Muster für Anordnungen gelten, sie erinnert geradezu an militärische Befehlsgebung und zeigt, wie sehr klar FRAUNHOFER seine Anordnungen traf, den ganzen Betrieb des Werkes übersehend. Die Briefe beweisen außer diesem aber die ungeheure Arbeitsfreudigkeit FRAUNHOFERS, indem er stets den Sonntag als Reisetag benutzte, damit mit Wochenbeginn die Tätigkeit in Benediktbeuern beginnen könne, ja sogar Sonntags abends legte man den Glassatz ein; aus den oben schon dargelegten Gründen war ja FRAUNHOFERS Gegenwart bei der Schmelze unumgänglich nötig, da er allein das Verfahren, das so sorgfältig geheimgehalten wurde, beherrschte.

München [Mittwoch] den 3t Sept. 1823.

Dirnmichel hat hiemit fl. 454. 19 kr. zu überliefern, welche Summe die Löhne und Auslagen, der beyligenden Rechnung zu Folge, machen.

RIESCH soll sobald wie thunlich 16zöllige und 20zöllige Holzröhren zu Zugfernröhren hierher senden. Ich hatte dem RIESCH bey seynem letzten Hierseyn gesagt, daß er die Füße der Pyramitalstative um einen Fournirspan düner machen soll als früher; gegenwärtig kann er sie wieder eben so stark machen wie sonst, also nicht dünner.

Der Seiler soll von der Dicke des beyliegenden Musters 20 oder 30 Klafter gute Seile machen.

Mit nächsten Boten soll grober und auch feiner Schleifsand hierher gesendet werden. Unter letzterem verstehe ich nicht Quarzsand, sondern gewöhnlichen feinen Schleifsand.

Den 19t October werde ich nach Benedictbeurn kommen um Flintglas zu schmelzen. In 8 Tagen wird die Menige zu demselben ankommen. Es wird ein Glasmahler mit mir reisen der im Ramouirofen Proben einbrennt daher dieser Ofen zu jener Zeit leer seyn muß. Den Kochhannes lasse ich fragen ob der welcher mit mir reist nicht auf einige Tage im Kloster wohnen kann. Ich erwarte mit nächsten Boten darauf Antwort.

Dem Schloßer hatte ich aufgetragen daß er Schrauben zu Pyramitalstative, mit schiefen Köpfen, wozu ihn nöthigenfalls RIESCH die Models geben kan schmieden soll; dieses ist bis jetzt nicht geschehen, und er muß daher erinnert werden. Jos. FRAUNHOFER Opt.

Einzelne Stellen in den Briefen lassen auch unbedingt schließen, daß faule oder nachlässige Arbeiter kräftigem Tadel verfielen, außerdem war FRAUNHOFER mit so manchen Gewohnheiten der Leute wohlvertraut und verpönte besonders das Zeitungslesen am Glasofen und Hinausschauen während der Arbeit; außerdem aber scheint er für seine Untergebenen ein wohlwollender Vorgesetzter gewesen zu sein[1]).

In diese Zeit nun fällt ein Ereignis, welches FRAUNHOFER zweifellos unangenehm genug war, so daß er sich zu einer öffentlichen Richtigstellung veranlaßt sah, was dem jeder Streiterei abholden Manne schwer genug gefallen sein muß. Das Straubinger Intelligenzblatt vom 30. Dezember 1811, S. 374, brachte eine „Biographie“ über FRAUNHOFER, in welcher wahrscheinlich in guter Absicht FRAUNHOFER und seine damals allgemein auffallenden Leistungen sowie seine steigende Berühmtheit gefeiert werden sollte. Der Aufsatz, weil zweifellos von einem genauen Kenner — wenn nicht gar Freunde oder nahestehenden Bekannten — abgefaßt, muß wegen seiner Wichtigkeit im Wortlaut gebracht werden.

---

1) Briefe an JUNGWIRTH. Urkunden des Deutschen Museums und Akten im MERZischen Besitz.

Abschrift aus dem kgl. bayr. Straubinger Intelligenzblatt 53. Stück vom 30. XII. 1811. Seite 374.

Biographie.

JOSEPH FRAUNHOFER ist der Sohn eines Glasers zu Straubg, und geboren den 31. Juli 1787. Die früheren Jahre seines Lebens brachte er in seiner Vaterstadt zu, wo man aber an nichts weniger, als an ein in ihm schlummerndes Talent dachte, dessen Entwicklung eine größere darauf gerichtete Sorgfalt belohnen könnte; daher wurde er auch gar nicht dringend zum ordentlichen Schulbesuche angehalten, und Lesen, Rechnen, Schreiben u. s. w. waren Dinge, um die sich seine Eltern viel weniger bekümmerten, als um Erlangung einer Geschicklichkeit, die ihn bei dem Handwerke des Vaters brauchbar machen könnte. In diesen Umständen wurde das vortreffliche Talent des H. FRNH. ganz unentwickelt geblieben sein, wenn ihm nicht der Tod seine Eltern entrissen hätte. Hierdurch kam er zwar anfänglich in noch größere Verlegenheit, da er von seinem Vormünder mit ungemeiner Rohheit u. Härte behandelt wurde; allein glücklicher Weise dachte der H. Stadtpfarrer viel freundlicher für ihn, so daß er auf dessen Zureden endlich im 12ten Jahre seines Alters in die Lehre bei einem Spiegelmacher in München gegeben wurde, um sich mit solchen Arbeiten einige Nebenverdienste machen zu können, da die Glaserei in Straubing eben nicht den besten Gewinn abwirft. Hier musste er nun 6 Jahre lernen, wovon aus höchster Gefälligkeit und gegen Erlag von 50 fl ein halbes Jahr nachgelassen wurde. Leider aber hatte auch hier sein Meister den nämlichen Handwerksgeist, wie sein unfreundlicher Vormünder in Straubing; wenn H. FRNH. ein Wort vom Studieren oder Rechnen fallen liess, dann gab es schon finstere Gesichter und lange Erklärungen über die schädliche Verwendung der kostbaren Zeit auf solche Nebendinge, die doch nur dem Arbeiten gewidmet seyn müsste.

Noch mehr Unwillen erregte es, wenn er ein Buch blicken liess, oder von der Feiertagsschule Meldung machte. Man suchte ihn unter Tags anstrengend zu beschäftigen, und zur Nachtzeit verboht man ihm, ein Licht in seinem Schlafkammerchen anzuzünden, um ein Buch zu lesen.

Auch hier wurde also die Thätigkeit seines Geistes mit Gewalt zurückgehalten; aber auch sein Körperliches Leben gerieht einst in eine Gefahr, davon schon die Erzählung Schaudern erregen möchte.

Es stürzte nämlich plötzlich das Haus des Spiegelmachers zusammen u. H. FRNH. wurde mit mehreren anderen Arbeitern in grösserer oder kleinerer Entfernung unter den Ruinen begraben. Glücklicher Weise hielt eine starke über ihn geneigte Wand den übrigen Schutt von ihm ab, so dass man ihm nach einigen Stunden Luft machen konnte, mit wunden Armen u. anderen Beschädigungen, von denen jedoch keine gefährlich war, herauszukriegen. S. kgl. Majestät eilten bei der Nachricht dieser Begebenheit Selbst herbei, und riefen den H. FRNH. zu seine Arme herauszustrecken, wenn ers zu thun im Stande wäre, welches auch geschah. Die Besitzerin des Hauses mit welcher er unter den Ruinen noch einige Zeit lang reden konnte, hat dabei ihr Leben eingebüßt.

Nachdem H. Frnh. wieder hergestellt war, so wurde er nach Nymphenbg geholt, wo S. kgl. Majestät ihn um seine Gedanken unter d. Ruinen des eingestürzten Hauses und um seine Lebensumstände fragten, und, nachdem Sie erfuhren, dass er keine Eltern mehr habe, Vater- u. Mutterstelle an ihm zu vertreten versprachen, auch ihn mit einem Geschenk von 8 Karolinen entließen[1]).

Nun beschloß H. Frnh. nach erlangter Genesung sich auf keine Weise mehr abhalten zu lassen, die Feiertagsschule zu besuchen, und sich mehr mit dem Rechnen abzugeben, besonders da er durch die Bekanntschaft mit dem Optikus Niggl vom Schleifen d. Augengläser hörte, worin er sich gleichfalls einige Geschicklichkeit wünschte, in dem er wiederum auf Nebenverdienste spekulierte, wenn er einst das väterliche Gut übernehmen würde.

Einst verfiel er auf Spenglers Optik und machte große Augen, als er bemerkte, was man alles mit auf gewisse Art geschliffenen Gläsern anfange. Sogleich kaufte er dieses Buch, und nun war er ganz an das Studium der Optik gefesselt, besonders da er auch bald nachher Klügels analyt. Dioptrik in die Hände bekam, der Tag war den Arbeiten, und die Nacht dem Studieren gewidmet. Aber auch unter Tags war seine Imagination immer mit den geometrischen zur Optik nöthigen Zeichnungen oder analytischen Formeln beschäftigt, daher er immer ein Buch über Optik im Sacke oder unter dem Rocke hatte, und unter dem Vorwande anderer Geschäfte sich manchmal auf eine Viertel- oder halbe Stunde entfernte, dann sein Buch hervorzog, seine Zweifel berichtigte, und sich neuen Stoff zum Nachdenken sammelte. Sonderbar ist es, daß er immer zuerst den praktischen Theil und dann erst den theoretischen studirte, so dass er vorgiebt, im eigentlichen Sinne die Geometrie u. Trigonometrie aus der Optik erlernt zu haben; denn er hatte von dem Gange der Lichtstrahlen bei Zusammensetzung optischer Werkzeuge schon an sich einen hellen Begriff, und da er sich die Linien als Bilder der Lichtstrahlen vorstellte, so waren ihm die geometrischen Lehrsätze ganz leicht verständlich. Durch diese Verbindung der Praktik mit Theorie hat er es in Anwendung der gemeinen sowohl als höheren Mathematik zu einer solchen Fertigkeit und richtigen Beurtheilung dessen, was dadurch in Hinsicht der Farbenzerstreuungen Abweichungen in u. außer d. Axe, der helleren Deutlichkeit der Bilder u. s. f. geleistet werden kann gebracht, dass er in diesem Fache, meinem Urtheile nach, nicht so bald von Jemand übertroffen wird. — Wirklich geht die Zusammensetzung seiner Objektive aus guten Gründen von den Angaben aller übrigen Gelehrten ab; so z. B. wendet H. Frnh. den Satz, daß die Winkelabweichung am kleinsten ausfällt, wenn die Winkel des auffallenden und ausfahrenden Strahles einander gleich sind, nicht auf die convexe Linse des Objektives, sondern auf das ganze Objektiv

[1]) [Der Karldor (Karolinus) galt um diese Zeit 11 fl. Silber; man kommt also bei der Umrechnung auf rund 172 S.-M., während man den sonst überlieferten Betrag von 18 Dukaten (je zu 9.60 G.-M.) mit rund 172 G.-M. ansetzen möchte. Ich weiß nicht, welche Angabe die ursprüngliche ist. Anm. d. Herausg.].

selbst an, wodurch die Rechnung ganz anders ausfällt, und weder die älteren Angaben von KLÜGEL in seiner anal. Dioptrik, noch seine neuern in GILBERTS Annalen 1808, 3 St. S. 276. zu brauchen sind. Man hat dabei den Vortheil, dass eine Krümmung des Teleskops nicht so viel schadet, wie bei KLÜGELS Angaben, nach welchen sie alles verderben würde.

Von seinen tiefen mathematischen Kenntnissen zeigt auch ein Aufsatz über parabolische, ellipt- und hyperbolische Spiegel, den er für jetzt noch nicht bekannt machen will. In diesem kritisiert er erstlich die bisher versuchten Methoden, parabolische Spiegel zu machen, zeigt, daß bei HERSCHELS Riesenteleskop der große Spiegel nicht vollkommen parabolisch seyn könne, weil er sonst eine stärkere Vergrösserung ertragen müßte und widerlegt die in einem Aufsatze der monatl. Korresp. des H. v. VOGT vorkommende Behauptung, daß die parabolischen Spiegel wegen stärkerer Abweichung außer der Axe viel schlechter seyn als die sphärischen. Hr. FRNH. findet durch angestellte Rechnungen, daß schon bei ziemlich kleinen Öffnungen die Abweichungen bei den letzteren im Verhältnis 24 : 1 grösser, als bei den erstern, und also in eben diesem Verhältniss schlechter seyen. Hierauf sagt er, daß es gewöhnlich sey, den großen Spiegel parabolisch und den kleinen elliptisch zu machen, dass es aber immer sehr schwierig bleibe, Spiegeln von kurzen Brennweiten eine andere, als die sphärische Gestalt genau zu geben, und stellt dann die Frage auf, welche Figur der große Spiegel haben müsse, wenn der kleine sphärisch gemacht würde; findet, daß er die hyperbolische Gestalt haben müsse, giebt dann das Verfahren an, ihn so zu schleifen, u. beweiset durch lange, ziemlich schwierige Rechnungen, dass er so geschliffen diese. Gestalt bekomme, wobei er verspricht, in den Dimensionen keinen Fehler von 0,0001 eines Zolles zu begehen.

Übrigens ist es leicht zu denken, dass HR. FRNH. auch manche verdriessliche Stunde habe, da es so viele giebt, die seine Arbeiten nicht richtig zu beurtheilen wissen, oder es nicht wollen, da man doch glauben sollte, dass hierzu nicht mehr gehöre, als gute englische Perspektive herzunehmen, sie mit den seinigen zu vergleichen, wo sich dann das rechte Sehen von sich selbst giebt, wenn nicht Vorurtheile daran hindern.

[Ohne Signatur oder Autorangabe].

[Die Biographie war vorher im Münchner Kritischen Anzeiger für Literatur u. Kunst 1811 vom 30. XI. No. XLVIII. p. 215 erschienen und wurde vom Straubinger Intelligenzblatt wörtlich abgedruckt].

Es ist begreiflich, daß der feinfühlige FRAUNHOFER wegen der unverkennbaren Vorwürfe, daß er es an der Liebe zu seinem Vater und Vormündern habe fehlen lassen, in Erregung geriet, und mag auch die Hervorzerrung seiner kläglichen Jugend, die niemand etwas anging, ihn reichlich erbittert haben. Er entschloß sich, nachdem er von der „Biographie“ erfahren, zu einer Richtigstellung, welche uns noch im Entwurf enthalten ist und übereinstimmend damit im Straubinger Intelligenzblatt 1812, 19. Stück, S. 294, in folgender Form gebracht wurde[1]).

Privat-Anzeigen.

Der unterzeichnete wird es nicht unternehmen, im Ganzen über die in den Königl. baier. Straub. Intelligenzblatt vom 30. Dezember v. J. eingerückte Biographie welche aus dem in München erscheinenden Kritischen Anzeiger für Literatur und Kunst Nr. 48 vom 30. November von Wort zu Wort entnommen und abgedruckt ist, sich zu äussern, hält es aber für Pflicht, gegen die Vorwürfe über Ältern und Vormünder zu erinern: dass er nicht nur den zu frühen Tod der erstern noch jetzt beklage, sondern ihnen auch Dank für Sorgfalt in Erziehung schuldig ist, die mit seinen Jahren und ihrem Vermögen im besten Verhältnisse war. Denselben Dank ist er der Sorgfalt seiner Vormünder schuldig, die zu seinem Besten ihr Möglichstes gethan, welches schon dieses beweisst, dass die Handlung, welche in erwägter Biographie Herrn Stadtpfarrer zuerkannt wird, die seiner Vormünder ist, Er benutzt diese Gelegenheit Ihnen hiemit öffentlich zu danken. Benediktbeurn den 12. März 1812.

Jos. Fraunhofer, Optikus.

Die Antwort spricht für Fraunhofers edlen versöhnlichen Sinn, wenn er seiner sicher harten und freudlosen Jugend nicht weiter gedenkt, sondern die dabei handelnden Personen gewissermaßen in Schutz nimmt und rechtfertigt.

Das noch erhaltene kleine Notizbuch, von welchem schon gelegentlich der Besuche in Benediktbeuern die Rede war, eröffnet uns aber noch einen anderen Einblick. Wenn auch Fraunhofer im allgemeinen an den politischen und sonstigen ihn nicht näher betreffenden Ereignissen wenig Anteil genommen zu haben scheint, so mag er doch, vielleicht angeregt durch Gespräche von Besuchern, die mehr als er in der großen Welt lebten, sich die nachstehend angeführten Bücher aufgeschrieben haben:

Die schönen Redekünste in Deutschland von T. D. E. Preuss, Berlin, in der Mauerischen Buchhandlung.

Die Symbolik des Traumes, von Dr. G. H. Schubert, Bamberg, bei Kauz 1814. 204 Seit. 8° (1 Rthler 4 gr).

Der Zahnarzt für das schöne Geschlecht, von J. Fr. Gallatte, Mainz, bei Kupferberg.

---

[1]) Urkunde des Deutschen Museums Nr. 5407.

Außerdem, damit das Geschäftliche nicht fehlte, ist auch bemerkt: Universal Lexikon der englischen und deutschen Handlungscorrespondenz von TH. AND. NEUMICH. Hamburg 1816.

Von den angeführten Büchern war die „Symbolik des Traumes" ein seinerzeit viel gelesenes und beliebtes Buch. Die Einsichtnahme des anderen Buches, „Die schönen Redekünste", erwies, daß dieses eine Art Literaturgeschichte ist, der „Zahnarzt" war in München nicht zu ermitteln. Übrigens ist es gar nicht gesagt, daß FRAUNHOFER diese Bücher sich beschafft oder gelesen habe.

Wenn es nun nicht die Aufgabe sein kann, hier das Werden der Fernrohrlinsen vom Glasblock bis zum fertigen gefaßten Objektiv zu schildern, so mag aber doch der Vorgang einer Glasschmelze, der dem Laien noch viel weniger bekannt ist als die optische Schleifkunst, geschildert werden, wie sie im allgemeinen auf Grund der GUINAND-FRAUNHOFERschen Beschreibungen in Benediktbeuern verlief. Wenn VOIT, der Bearbeiter des UTZSCHNEIDERschen Nachlasses, auch kein Glasfachmann war, so verdienen doch seine Mitteilungen auf Grund der FRAUNHOFER-UTZSCHNEIDERschen Aufzeichnungen allen Glauben; der Verfasser selbst darf hinzufügen, daß er, obwohl ebensowenig Glastechniker, durch Umfragen bei noch lebenden Arbeitern, welche in den achtziger Jahren vorigen Jahrhunderts in der von S. v. MERZ betriebenen Glasschmelze tätig waren, ermitteln konnte, daß das damalige Verfahren mit unwesentlichen Verschiedenheiten den von FRAUNHOFER namentlich in den späteren Jahren ausgebildeten Methoden völlig entsprach. VOIT beschreibt also das Verfahren folgendermaßen:

Die Behandlung welche bei Flintglas No. 16 begonnen wurde ist folgende: Am 20. Januar wurde der Hafen in den Ofen gebracht. Der Boden des äußeren Hafens etwa 1″ dick mit reinem grob gestoßenen Quarz bestreut, nun der innere kleinere Hafen in jenen gestellt, und der Zwischenraum mit dem gleichen Quarz ausgefüllt. Die Häfen wurden nun mittels drei Eisen, die mit Schrauben zu verändern waren an dem Seil des großen Triebes so aufgehängt, daß die inneren Seitenwände des kleinen Hafens vertikal waren. Auf die Keile, die sich im Ofen als Lager für den Hafen befinden, wurde $1^1/_2$″ dick naße Erde gelegt, die noch leichten Druck annahm; die Häfen wurden aufgezogen und in den Ofen auf die nasse Erde niedergelassen.

Da sich die inneren Wände des kleinen Hafens, an dem Seil aufgehängt, vertikal befanden, so musste er auch vertikal in dem Ofen stehen, da er in dieser Lage in dem Ofen niedergelassen wurde, und die weichen Thonlager, die sich auf den Keilen befanden noch Druck annahmen. — Die inneren Wände des kleinen Hafens waren einer guten Glasur wegen vor dem Einsetzen mit gepulvertem Flintglas, welches mit Wasser angemacht war, angestrichen. — Der Ofen wurde nun geschlossen und auf den größeren ein ähnlicher Aufsatz gestellt wie bei Crownglas No. 9 beschrieben ist, nur daß er nicht so hoch war; aber der Konus war höher und weiter; oberhalb der Öffnung dieses Konus befand sich ein hohler Feuerschirm. Der Cylinder wurde auf den Hafen gelegt, in welchen etwas seitwärts zwei Höhlungen geschnitten waren, so daß der Cylinder nicht über den Hafen hinabrollen konnte. Der große und kleine Deckel wurde mit Kalk verstrichen, nur nur eines der Glutlöcher blieb offen, bei welchem den 21ten wenig Feuer aus ungedorrtem groben Holz gemacht wurde. Nachts wurde dieses Glutloch mit seinem Deckel zugelegt, und morgens jedesmal wieder Feuer gemacht; es wurde bis zum 26ten morgens bei dieser Öffnung täglich etwas mehr Feuer gemacht, an welchem Tage dann bei den Schürlöchern mit ungedörrtem Holz Feuer gemacht wurde. Nachts wurde mit gedörrtem Holz geschürt, so daß den 27ten morgens der Ofen die gehörige Wärme hatte. An diesem Tage (d. 27t.) um 6 Uhr morgens wurde die Pottasche auf die bei Crownglas No. 9 angezeigte Art gesotten, und sogleich zum Gemenge genommen. Schon tags vorher war der kleingestossene Salpeter mit der Mennige gemengt worden, alsdann erst wurde der Quarz mit derselben gemengt, und zuletzt die Pottasche, die bei dem in der Tabelle angezeigten Gewichte waren, und noch so naß war, daß sie selbst im Ganzen nicht mehr flüssig war. Noch ehvor der Ofen den hohen Grad von Wärme hatte, wurden etwas Flintglasscherben in den Hafen gelegt, damit derselbe sich noch mehr glasirte; dieses Glas wurde wieder weggenomen. Um $9^1/_2$ Uhr Morgens wurde angefangen das Gemenge in den Hafen zu legen. Es wurde jedesmal nur zwei Schaufeln voll eingelegt, damit der Hafen nicht zu sehr erkältet wurde, und man in keiner Gefahr war, daß derselbe springt; es wurde jedesmal 8 bis 10 Minuten bis zum nächsten Einlegen gewartet. Um 7 Uhr Abends war das Einlegen zu Ende und der Hafen ganz voll, so daß noch 100 ℔ Glas ausgeschôpft werden mußte. Alle 8 bis 10 Minuten wurde von 11 Uhr Mittags bis 9 Uhr Abends mit dem Cylinder gerührt. Den 28ten $9^1/_2$ Uhr morgens wurde das Glas abgeschäumt, und dann bis 12 Uhr Mittags gerührt, in welcher Stunde aufgehört wurde Feuer zu machen; die Öffnungen des Ofens waren dabei alle zugelegt. Um 1 Uhr Mittags wurde der Aufsatz des Ofens abgenommen, dann das Glas sorgfältig abgeschäumt, und um $1^3/_4$ Uhr Mittags angefangen wieder Feuer zu machen, doch anfänglich nur wenig und dann immer mehr. Um $3^1/_2$ Uhr Abends wurde wieder zu rühren angefangen, und bis 5 Uhr Abends fortgesetzt; es geschah alle Viertelstunden, anfänglich aber öfter; während dieser Zeit wurde mit buchenem Holz Feuer gemacht. Um $8^1/_2$ Uhr Abends wurde zur letzten Arbeit vorgerichtet; und um 10 Uhr zu arbeiten angefangen. Der Cylinder bewegte sich dabei $1^1/_2$ Zoll vom Hafen entfernt, und wurde eben so oft rückwärts als vorwärts gedreht. Das Glas war leichtflüssig. Nach dem Vorrichten zur letzten Arbeit wurde das Glas nochmals sehr sorgfältig abgeschäumt. Um $1^1/_2$ Uhr früh den 29ten wurde zu Arbeiten aufgehört. Der Ofen blieb dann eine Stunde ganz offen, dann wurden die Öffnungen zugelegt und 5 Stunden später mit Kalk verstrichen, auch der innere Deckel noch mit Schutt verlegt um das schnelle Erkalten des Ofens zu verhindern.

Die Farbe dieses Glases war beständig sehr schön weiß und hatte schon vor dem ersten Erkalten ungemein wenig Luftblasen, und nachdem wieder Erwärmen waren sie ganz verschwunden. Die Mennige die zu diesem Glase genommen wurde ist von derselben Lieferung wie die zu Flintglas No. 15 gebrauchte u. die Pottasche ist von Tannenholz.

Die moderne Glasbereitung für optische Gegenstände geschieht entsprechend den technischen Fortschritten der Wirtschaftlichkeit wegen mit Gasfeuerung in großen Häfen, aber die Hauptsache, das Rühren mit dem Tonzylinder, um ein gleichmäßiges Gemenge zu erzielen, das Senken (bei FRAUNHOFER seiner Schulung durch P. L. GUINAND entsprechend „ramollieren" genannt) und das daran anschließende Feinkühlen des gesenkten, in Schamotteformen befindlichen Glases, das bei 500—600° beginnend, so langsam erfolgt, daß sich Spannungen im Glase nicht ausbilden können, wird heute noch so ausgeführt wie zu FRAUNHOFERS Zeiten, natürlich hier erleichtert und sicherer ausgeführt durch maschinelle Hilfen und ein ganz besonders ausgearbeitetes Verfahren zur Feinkühlung; der Vorgang bei der Feinkühlung dauert in der Regel $1-1^1/_2$ Monate[1]).

Verschiedene unbekannte Ursachen führten zu Mißhelligkeiten zwischen UTZSCHNEIDER und FRAUNHOFER einer- und GUINAND andererseits, so daß letzterer es vorzog, vor Ablauf des Vertrages in seine Heimat sich zurückzubegeben. Wahrscheinlich reichte er, vielleicht im Anfang Dezember 1813, den nachstehenden Zettel ein[2]).

Suivant notre contrat du 20me feivrier 1807 je doit raistère y ci et travaillière pendant 10 années, il raiste encore 4 année a faire, on me done par an 1600 florin, Si on me

Nach unserm Übereinkommen vom 20. Februar 1807 sollte ich hier 10 Jahre bleiben und arbeiten, davon sind noch 4 Jahre zu leisten, man zahlt mir jährlich 1600 Gulden,

[1]) Dr. E. BERGER: Optisches Glas. Optische Rundschau, S. 21—25. Schweidnitz (Schlesien): B. Köhn & Co.

[2]) Ohne Unterschrift, aber sicher von GUINANDS Hand.

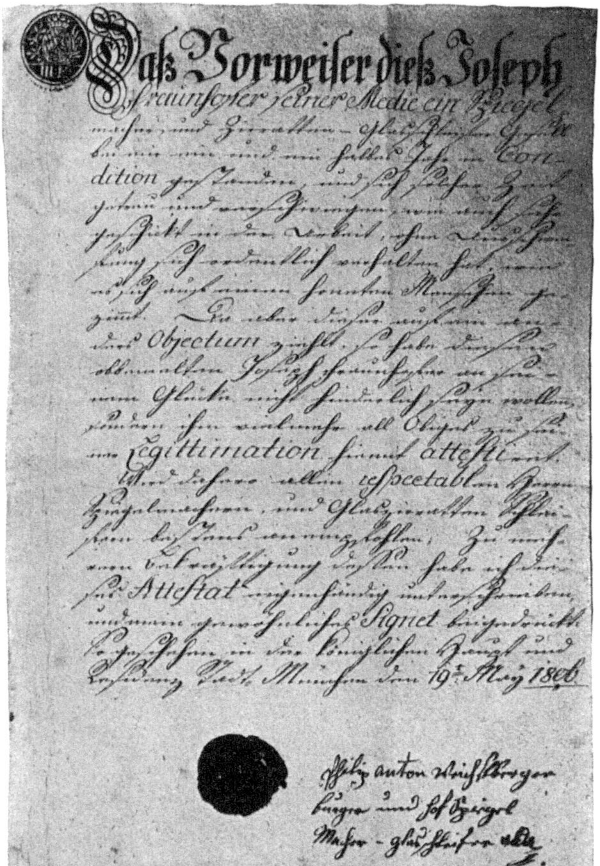
Daß Vorweiser dieß Joseph

Gesellenzeugnis Ph. A. Weichselbergers für Fraunhofer

lesse retournère dans mon pays, on ne me donerat que 800 florin par, an, mais on ne me les donnerai que pour les 3 annee et demi puis que je raisterai encore y ci demi année, cela feret 2400 flor. qu'on me donnerait lors de mon dèpart et je donnerais quittance pour le raistant des 10 année; du raiste la convantion subsisterat et la liberté de revenire y ci au bout des 4 année, en suivant les condition du contrat.

wenn man mich in mein Vaterland gehen läßt, so würde man mir nur 800 Gulden jährlich geben, aber man würde sie mir nur für dreiundeinhalb Jahre geben, da ich hier noch ein halbes Jahr bleiben werde, das würde 2800 Gulden machen, die man mir bei meiner Abreise geben würde, und ich würde den Empfang des Restgeldes für 10 Jahre bestätigen; ferner bliebe das Abkommen in Kraft, und ich könnte nach den Bedingungen des Abkommens nach Ablauf von 4 Jahren hierher zurückkehren.

Es trat ein neues Abkommen vom 20. Dezember 1813 ein, welches den Rücktritt GUINANDS regelte und im Wortlaut hier folgt; es ist in der Handschrift eines Schreibers.

Convention entre Meßieurs UTZSCHNEIDER, REICHENBACH et FRAUNHOFER de Benedictbeurn, d'une part, et Monsieur PIERRE LOUIS GUINAND Opticien des Brennets principauté de Neufchatel en Suiße, d'autre.

Comme Monsieur PIERRE LOUIS GUINAND qui s'étoit obligé d'après un Contrat avec Monsieur le Referendair intime UTZSCHNEIDER en date du 20 Fevrier 1807, de travailler dix Années consécutives dans l'Institut d'Optique, UTZSCHNEIDER, REICHENBACH et FRAUNHOFER à Benedictbeurn vient de demander la permißion des retourner dans sa patrie, Meßieurs UTZSCHNEIDER, REICHENBACH et FRAUNHOFER le dispensent de ses ouvrages à l'Institut d'Optique, et conviennent ensemble de ce qui suit

Abkommen zwischen den Herren UTZSCHNEIDER, REICHENBACH und FRAUNHOFER von Benediktbeurn auf der einen Seite und Herrn PIERRE LOUIS GUINAND, Opticus aus Les Brenets im Fürstentum Neuenburg in der Schweiz, auf der andern.

Da Herr PIERRE LOUIS GUINAND, der sich nach einer Übereinkunft mit Herrn Geheimreferendar UTZSCHNEIDER vom 20. Februar 1807 verpflichtet hatte, zehn aufeinanderfolgende Jahre in der optischen Anstalt UTZSCHNEIDER, REICHENBACH und FRAUNHOFER zu Benediktbeurn zu arbeiten, soeben um Erlaubnis zur Heimkehr in sein Vaterland bittet, so befreien ihn die Herren UTZSCHNEIDER, REICHENBACH und FRAUNHOFER von seiner Arbeit an der optischen Anstalt, und sie kommen gemeinsam überein, wie folgt:

1°. Monsieur PIERRE LOUIS GUINAND retournera avec sa femme dans sa patrie, le 1er de May de l'Année prochaine.

2°. Du jour où Monsieur PIERRE LOUIS GUINAND quittera l'Institut ses appointemens d'après l'Article 5 du Contrat du 20 Fevrier 1807 de 1600 fl. par an finiront, et d'après l'Article 6 du même Contrat la pension stipulée commencera. Messieurs UTZSCHNEIDER, REICHENBACH et FRAUNHOFER lui paieront cette pension de huit Cents florins par An, pour deux Années d'avance, de sorte qu'à son départ il recevra Mille Six Cents florins contre Quittance pour les Années *1814* et *1815* jusqu'au premier de May Mille huit Cents seize.

3°. D'après l'Article 7 du Contrat ci-deßus mentionné la pension pour son Epouse ROSALIE GUINAND née BOUBEROT de deux Cents Cinquante florins par An, si il venoit à mourir lui sera payée.

4°. Monsieur PIERRE LOUIS GUINAND et son Epouse s'engagent de rechef, de ne contracter avec perſonne pour la fabrication du flint- et Crown-Glas, de n'en donner l'Instruction à personne et en général de ne point s'occuper de l'Optique; — au Cas contraire, la pension stipulée pour tous les deux ne sera plus payée. —

5°. Tous les autres Articles de la Convention du 20 Fevrier *1807* ceßent, après la Conclusion de ce nouveau Contrat.

Ce Contrat sera expedié à chacune des parties Contractantes, et a cet

1. Herr PIERRE LOUIS GUINAND soll mit seiner Frau am 1. Mai nächsten Jahres in seine Heimat zurückreisen.

2. Von dem Tage, wo Herr PIERRE LOUIS GUINAND die Anstalt verläßt, sollen seine Bezüge nach Abschnitt 5 des Abkommens vom 20. Februar 1807 im Betrage von 1600 fl. jährlich aufhören, und nach Abschnitt 6 desselben Abkommens soll sein dort ausgemachtes Ruhegehalt beginnen. Die Herren UTZSCHNEIDER, REICHENBACH und FRAUNHOFER werden ihm dieses Ruhegehalt von achthundert Gulden jährlich für zwei Jahre im voraus zahlen, so daß er bei seiner Abreise eintausendsechshundertGulden gegen eine Empfangsbestätigung für die Jahre 1814 und 1815 bis zum 1. Mai eintausendachthundertsechzehn erhalten wird.

3. Nach dem Abschnitt 7 des obenerwähnten Abkommens wird seiner Frau ROSALIE GUINAND geb. BOUVEROT das Witwengehalt von zweihundertundfünfzig Gulden jährlich im Falle seines Ablebens gezahlt werden.

4. Herr PIERRE LOUIS GUINAND und seine Gattin verpflichten sich von neuem, mit niemand ein Abkommen über die Herstellung von Flint- und Kronglas zu treffen, niemand darüber aufzuklären und sich ganz im allgemeinen nicht mit optischen Dingen abzugeben; widrigenfalls das für alle beide ausgemachte Abstandsgehalt nicht weiter gezahlt werden soll.

5. Alle andern Abschnitte des Abkommens vom 20. Februar 1807 werden nach dem Abschluß dieses neuen Abkommens hinfällig.

Dieses Abkommen soll einem jeden der vertragschließenden Teile aus-

effet signé par Mains propres de part et d'autre.

Benedictbeurn le vingt Decembre Mille huit Cents treize

pr. Utzschneider, Reichenbach et Fraunhofer
J. Utzschneider. m. p.
(L. S.) Pe Ls Guinand.
(L. S.)

gehändigt und zu diesem Zwecke eigenhändig von beiden Teilen unterzeichnet werden.

Benediktbeurn, den zwanzigsten Dezember eintausendachthundertunddreizehn,

für Utzschneider, Reichenbach und Fraunhofer
J. Utzschneider. m. p.
(L. S.)
(L. S.) Pe Ls Guinand.

Die tatsächlich vollzogene Vorauszahlung der beiden Ruhegehalte für die beiden Jahre 1814 und 1815 bestätigt die hier folgende von Guinand selbst ausgestellte Quittung:

Moi Sousignie atteste davoir reçut de Son excellence Monsieur De Utzschneider Refrandaire intime de Sa majestè Royal de Bavière. Seize Cent florin en lettre de Change, ce la sur la Convantion du 20 Decembre 1813.

Munich le 30m Avril 1814.
Pe Ls Guinand.

Ich, der Unterzeichnete, bestätige, von Sr. Exzellenz Herrn v. Utzschneider, Geheimreferendar Sr. Kgl. Maj. v. Bayern, Sechzehnhundert Gulden in Wechseln, und zwar nach dem Abkommen vom 20. Dezember 1813, erhalten zu haben.

München, d. 30. April 1814.
Pe Ls Guinand.

Es war somit eine vielleicht von Fraunhofer und jetzt auch wahrscheinlich von Utzschneider als fremder Bestandteil empfundene Persönlichkeit ausgeschieden, und die Besitzer der Anstalt waren unter sich; zumal da 1814 Reichenbach vom Vertrage zurücktrat, eine eigene Werkstätte für Präzisionsinstrumente in München gründete, deren Linsen er aber aus dem von Utzschneider und Fraunhofer allein betriebenen Werke bezog. In diese Zeit fällt auch eine Begebenheit, welche, für alle Beteiligten unerfreulich, zeigte, daß die strenge Geheimhaltung der gesamten Arbeitsmethoden, ganz abgesehen von der Art der Bereitung des Flintglases, notwendig war, und trotzdem sich unlautere Leute einschlichen. Der Briefwechsel des Stuttgarter Hofmechanikers Baumann mit Fraunhofer selbst beschäftigt sich mit dem oben schon einmal erwähnten „Optikus", jetzt als Mechaniker bezeichneten Wilhelm Strahl, der sich als sehr unzuverlässiger Mann erwies, wie die beiden Originalbriefe zeigen.

Stuttgart d. 23 Jan. 1816.

Wohlgebohrner
Hochverehrtester Herr

Eine Veranlaßung eigener Art verschaft mir dießmal das Vergnügen, mit Euer Wohlgebohren einen Brief zu wechseln, auf den ich von Ihnen gar zu sehr eine Antwort zu erhalten wünsche. Sie errinnern Sich ohne Zweifel eines Menschen, Nahmens STRAHL, von hier gebürtig, der vor drey oder 4 Jahren einige Jahre in Ihrem Institut gearbeitet hatte, und dann in die französische Schweiz gieng, wo er angeblich seit dieser Zeit ein Geschäft für eigene Rechnung führte. Dieser Mensch kam vor einiger Zeit hieher, um sich zu etabliren. Um seinen Ruhm als großer Künstler gleich recht fest zu begründen, brachte er ein großes Fernrohr, von etwas über 4 Fuß Länge mit, das ein Objectiv von wenigstens 4 Zoll Durchmesser hatte, an dem er alles, selbst die Maße des Glases, selbst verfertigt zu haben behauptete. Die Meßingarbeit daran war recht hübsch gearbeitet, so daß ich vom ersten Augenblick bis jetzt behaupte, daß er es nicht gemacht hat, (er ließ auch erst hier, da bereits alles an dem Fernrohr gefirnißt war, seinen Namen darauf graviren). Das optische an demselben hingegen war sehr mittelmäßig; die Hälfte des Objectivs war durch die Blendung der Ocularrohre weggeblendet, und dennoch hatte es nur eine mittelmäßige Deutlichkeit. Gleichwohl machte es bey Hof sein Glük, wo das große imponirte und niemand den innern Werth prüfte, und der König zalte ihm 1000 f dafür. Er rühmte sich also noch außerdem, daß er Kron und Flintglaß zu machen aus dem Fundament verstehe, und producirte dem König die Proben von den unvollkommenen an bis zu der Vollkommenheit, wohin er es durch viele Versuche gebracht habe. Wirklich hatte er ein Felsenstük, wenigstens 25 ℔ schwer von prächtigem Kronglaß, und mehrere in Formen geschmelzte Flintgläser, von ziemlichem Durchmeßer, die ganz das Gepräge von Ihrem Institut trugen. — Nun aber, woher das alles? Wer sollte mir das Räthsel lösen? Ich kenne den Menschen von klein an, und habe sein Talent am meisten sich im Lügen entwikeln sehen, auch gab er hie und da einige Pröbchen, daß er zu der Kunst Anlage habe Sachen zu finden, ehe sie verloren sind. Er ist arm von Eltern, und konnte von diesen also nichts erhalten; gleichwohl kommt er nun hieher, mit Kleidern und Uhren splendid versehen, hat noch seinen Werkzeug in der Schweiz wie er vorgibt, brachte obiges Instrument mit, behauptet für mehr als 1000 f rohes Glas zu haben, so daß er in seinem Leben keines zu kaufen brauche, und das alles habe er in den paar Jahren durch seine Geschiklichkeit erworben, ohne den geringsten Fond gehabt zu haben. Das ist nun einmal unmöglich; was mir die Sache auch ziemlich verdächtig macht, ist, daß mir gesagt wurde, daß er, so lange er noch in Ihrem Institut war, mehrere mal Kisten mit Glas hieher geschikt habe, das er wohl schwerlich gekauft haben mag. Ich schreibe Ihnen dieß, vielleicht gibt es Ihnen über etwas vergangenes Licht. Er ist jezt in die Schweiz gereißt, um wie er vorgibt, eine Braut zu holen, und hat seine Kisten mit der Inschrift zurückgelaßen, unter keinen Umständen von jemand anders als ihm selbst zu eröfnen.

So gern ich dem wahren Verdienst die gebührende Achtung zolle, so sehr empört es mich, wenn ein solcher Windbeutel ein ganzes Publicum belügt, und ich würde Euer Wohlgebohren sehr verbunden sein, wenn ich von Ihnen erfaren könnte, zu welcher Meinung von ihm wenigstens sein Aufenthalt bei Ihnen berechtigen könnte; vielleicht haben Sie auch nach der Hand noch etwas von ihm gehört, das Licht geben könnte.

Hiemit verbinde ich die Abbitte der Freiheit, die ich mir genommen habe, Ihnen hiedurch Zeit zu rauben, und verharre mit vorzüglicher Hochachtung

Euer Wohlgebohren
ergebenster Diener
BAUMANN
Hof-Mechanicus.

FRAUNHOFERs handschriftlicher Entwurf zur Antwort:

Hn. Hofmechanikus BAUMANN in Stuttgart
Benedictbeurn den 13t Febr. 1816.

Ew. Wohlg!

wünschen in Ihrer werthen Zuschrift vom 28t v. M. mein Urtheil über den Optikus und Mechanikus STRAHL zu hören; dieses fällt, wie Sie voraus erwarten eben nicht zu dessen Vortheil aus. Im Jahr 1809 wurde uns H. STRAHL durch H. TIETEMANN[1]) selig als Optikus und Mechanikus empfohlen; ich wollte ihn anfänglich als Mechaniker nützen allein einige Tage überzeugten mich daß dieses seine Sache nie war. Ich hoffte nun daß er nach der alten Art Glas zu schleifen verstehen werde und gab ihn deswegen solche Arbeiten, die nach dieser Art gemacht werden konnten, allein ob er schon hierin mehr gearbeitet zu haben schien als in der Mechanik, so brachte er es doch selbst nach längerer Zeit nicht zu der Volkommenheit die nöthig ist. Nachdem ich ihn vergebens noch auf mehrere Arten probirt hatte, mußte ich ihn an eine Maschine stellen an der kleine Gläser nur bis auf einen gewißen Grad vollendet werden und dan wieder in eine zweyte und dritte Hand kommen; an dieser Maschine brachte er beynahe die ganze Zeit zu die er hier war, ohne merkbar an Geschicklichkeit zugenommen zu haben. Daß nun dieser Mensch in zwey Jahren ohne Vermögen, Unterstützung und Lehrer, aus sich selbst es sollte dahin gebracht haben ein 4''iges achromatisches Objektiv zu schleifen, das Mechanische zur Aufstellung sich selbst zu machen und sogar Flint- und Crownglas selbst sich zu schmelzen ist mir eben so wenig möglich zu glauben als Ihnen. Das Objectiv welches Sie mir beschreiben hat die größte Ähnlichkeit mit einem, das ich gesehen habe welches aber nich H. STRAHL sondern ein Freund von ihm mit Glas von hier geschliffen hatte. Das Crownglas an demselben ist beynahe ganz weiß man kennt nur wenig daß es ins blaue fällt. An wen dieses Objectiv gekommen ist weiß ich nicht. Ich enthalte mich darüber

---

[1]) [Offenbar J. H. TIEDEMANN (geb. 1742) als Opticus in Stuttgart wohl bekannt.]

zu urtheilen wie H. STRAHL zu der Menge Flint- und Crownglas gekommen ist; aus allem ist doch gewiß das unwahrscheinlichste, daß er es selbst geschmolzen habe.

FRAUNHOFER, Opt.

Es wurden hierbei aber auch die geheimen Versuche GUINANDS, in seiner Heimat ein Werk für optisches Glas zu errichten und seine Beziehungen zu STRAHL aufgedeckt, welche die Wünsche GUINANDS, wieder ins UTZSCHNEIDERsche Unternehmen zu kommen, völlig zunichte machten[1]).

Ein aus dieser Zeit stammender, wichtiger Brief GUINANDS — den UTZSCHNEIDER unbeantwortet ließ — muß hier in Wortlaut und Übersetzung gebracht werden[2]).

A son Excellence Monsieur UTZSCHNEIDER, Reférendaire intime de sa Majesté le Roi de Bavière.

Monsieur!

J'ai été vivement peiné d'apprendre par la lettre que votre Excellence m'as fait l'honneur de m'ecrire le 22me écoulé, qu'elle doutoit que l'institut d'optique de Benedictbern se soutienne, considérant les sacrifices énormes fait pour ce magnifique Etablissement il seroit douloureux que Vous n'en obteniez pas votre attente: sincèrement attaché aux interets de Votre Excellence suitte de la bonté, du support et de l'intégrité avec laquelle elle me traita permettez moi Monsieur de vous transmettre mes propositions.

J'ai nouvellement acquis des connaissances sur la fonte du veř. je

Sr. Exzellenz Herrn UTZSCHNEIDER, Geheimreferendar Seiner Majestät des Königs von Bayern.

Sehr geehrter Herr!

Mit lebhafter Betrübnis habe ich dem Briefe, den Ew. Exzellenz mir am 22. v. M. [Jan. 1816] zu schreiben die Güte hatten, die Nachricht entnommen, daß Sie an dem Fortbestehen der optischen Werkstätte zu Benediktbeurn zweifelten. Wenn ich die ungeheuren für diese wunderbare Werkstätte gebrachten Opfer erwäge, so bedaure ich tief, daß Ihre darauf gesetzten Erwartungen nicht erfüllt werden. Dem Wohle Ew. Exzellenz aufrichtig ergeben infolge der gütigen Unterstützung und der Aufrichtigkeit, womit Sie mir entgegengekommen sind, gestatte ich mir, sehr geehrter Herr, Ihnen meine Vorschläge zu unterbreiten.

Ich habe neuerdings Kenntnisse im Hinblick auf das Glasschmelzen

[1]) Ausführlich schildert die näheren Umstände H. Prof. v. Rohr in „P. L. GUINAND", Z. f. J. 1926, H. 3, S. 192—195.

[2]) Handschrift nicht von Guinand. Wahrscheinlich aus der Schreibstube von le Lieutenant civil de la Jurisdiction des Brenets en la Principauté Neuchatel en Suisse In Dd Quartier La Sente.

les ai mises en pratique dernièrement par deux petites fontes dont la bauté et la qualité dépasse tout ce que j'avois fait, puis j'ai fait un bien bon objectif de 8 pouces de diamêtre et le tout m'assure que je puis aller plus loin, c'est la cause qui m'as fait demander pour former l'Etablissement duquel j'ai eut l'honneur de vous parler dans ma précédente, mais je vous avoue Monsieur qui je répugue d'aller former un Etablissement pour des Messieurs que je ne connois que de réputation, qui pourroit nuir au votre d'Optique, auquel je suis très attaché; je connois vos Etablissements tant ceux d'Optique que de grande Verrerie, et je me crois en état de les diriger pour qu'ils deviennent très surement d'un grand rapport et d'une grande célébrité très honnorable, j'ose assurer Votre Excellence qu'il n'est pas par ostentation que j'ai la hardiesse de vous présenter mes services pour aller les diriger sous les conditions suivantes que ce soit 1° directement sous vos ordres 2° que Messieurs Fraunkaufer et Blackman n'y ayent rien à faire même éloign.. je ne pourrois être daccord avec eux, 3° que les ouvriers me fussent subordonnés comme à Votre Excellence même et non comme a un simple directeur: dans les commencements èn petit nombre jusqu'aux jugements des avantages à tous égards.

erworben. Ich habe sie vor kurzem an zwei kleinen Schmelzen erprobt, deren Schönheit und Güte alle meine früheren Leistungen übertrifft, da ich ein sehr gutes Objektiv von 8 Zoll [= $21^1/_2$ cm] Durchmesser habe machen können, und alles zusammen gibt mir die Sicherheit, daß ich noch weiter kommen kann. Das ist der Anlaß für die Anfrage an mich gewesen, ob ich die Werkstätte gründen wollte, von der ich in meinem vorhergehenden Briefe Ihnen zu schreiben die Ehre hatte. Ich gestehe Ihnen indessen, sehr geehrter Herr, daß es mir zuwider ist, eine Werkstätte für Leute zu gründen, die ich nur dem Namen nach kenne, und die Ihrer optischen Werkstätte schaden könnten, der ich sehr ergeben bin. Ich kenne Ihre Werkstätte, sowohl den eigentlich optischen Betrieb, wie die große Glashütte, und ich glaube imstande zu sein, sie so zu leiten, daß sie mit großer Sicherheit sehr einträglich werden und einen großen und sehr ehrenvollen Ruf erhalten wird. Ich wage Ew. Exzellenz die Versicherung zu geben, daß ich nicht nur prahle, wenn ich so kühn bin, Ihnen meine Dienste für eine künftige Leitung unter den folgenden Bedingungen anzubieten; daß ich 1. Ihnen unmittelbar unterstellt sei, 2. daß die Herren Fraunhofer und Blochmann dort nichts — auch nicht auf entfernte Weise — zu sagen hätten, da ich mich mit ihnen nicht vertragen kann, 3. daß die Arbeiter mir ebenso wie Ew. Exzellenz selber unterstellt würden und nicht wie einem bloßen Abteilungsleiter: anfänglich nur in kleiner Zahl, bis man die Vorteile in jeder Hinsicht ermessen könnte.

Je ne demande point cette autorité comme associé mais pour que je puisse m'assurer du succès.

Pour rétribution je demande à Votre Excellence ma Place ainsi qu'elle est stipulé par notre ancienne convention du 20. février 1807, et après ma mort que mon Epouse aye sa Pension assurée pour le reste de ses jours au taux de même stipulation: En outre ce qu'il plaira à Votre Excellence de m'assigner d'après le succès et la Célébrité des Etablissements, s'ils lui donnent la satisfaction dout je n'ai aucune doute qu'elle ne me mettra à me... de finir ma çarrière honnorablement.

Enfin je finis par un second offre sans rétribution, votre Excellence a une jeune personne à elle bien attachée, intelligente, laborieuse, et brave, qui ne craigne pas de travailler de ses mains; je lui enseignerai intêgrement tout ce que je sai pour qu'elle soit à même de me succéder après ma mort.

Doignez, Monsieur accueillir les intentions qui m'ont dicté la présente qui viennent uniquement du respectueux et affectueux dévouement que je porterai à Votre Excellence jusqu'à mon dernier moment la suppliant de nouveau de m'accorder une réponse et d'agréer mes voeux.

P^e L^s GUINAND.

Ich fordere diese einflußreiche Stellung nicht, um als Teilhaber aufzutreten, sondern um imstande zu sein, meines Erfolges sicher zu werden.

Als Entgelt erbitte ich von Ew. Exzellenz meine Stellung in gleicher Weise, wie sie in unserem Vertrage vom 20. Februar 1807 ausgemacht war, und nach meinem Tode das Witwengehalt an meine Frau für den Rest ihrer Lebenstage nach der Festsetzung in der gleichen Abmachung: Außerdem aber eine Belohnung nach dem Belieben Ew. Exzellenz, sobald der Erfolg und die Erhöhung des Ruhmes der Werkstätten Ihnen die Befriedigung geben, an der ich nicht den geringsten Zweifel habe, und die mich in die Lage bringen soll, meine Laufbahn mit Ehren zu Ende zu führen.

Ich schließe mit noch einem zweiten Anerbieten, das keine Kosten macht. Ew. Exzellenz hat [dann] ein noch junges, Ihnen ganz ergebenes, kluges, fleißiges, tüchtiges, ihrer Hände Arbeit nicht scheuendes Frauenzimmer in Ihrem Dienst; ich werde ihr lückenlos alles lehren, was ich weiß, damit sie selber nach meinem Tode in meine Stellung einrücken könne.

Geruhen Sie, verehrter Herr, meine gute Meinung entgegenzunehmen, die mich zu diesem Briefe gebracht hat. Sie stammt einzig aus der ehrfürchtigen und herzlichen Ergebenheit, die ich bis zu meinem letzten Atemzug Ew. Exzellenz entgegenbringe. Ich erbitte mir noch einmal eine Antwort mit einem Eingehen auf meine Wünsche.

P. L. GUINAND.

Wir müssen nunmehr eines anderen Zweiges der optischen Werkstätte gedenken, von dem eigentlich nie gesprochen wurde —

auch nicht in den vielen Schriften, die über FRAUNHOFER vorliegen — und aus welcher Beschäftigung ja FRAUNHOFER eigentlich hervorgegangen ist: Die Anfertigung von Brillengläsern.

Es schreibt — aus Anlaß der auf S. 42 u. ff. mitgeteilten Preßfehde — der Freund der FRAUNHOFERschen Familie, JOSEF GRIENBERGER aus Straubing:

Um einem guten Freunde von mir zu dienen, bin ich so frey sie zu fragen, ob Sie mir nicht ein gutes paar Conservations Augengläßer gegen baar Bezahlung schicken könnten, der Mann ist 51 Jahre alt, auf die Weite sieht er gut, in der nähe aber, was lesen und schreiben betrifft, besonders kleinen Druck oder Schrift, diese kann er mit genauer Noth lesen, sohin auch schreiben. Die Gläßer müßten aber auch nicht zu scharf seyn, weil selbe Schwindel verursachen — kurz, da Sie in diesem Geschäft Meister sind, so werden Sie schon zu helfen wissen. Die gefaßten Gläßer müssen an den Kopf gesteckt werden können. Verzeihen Sie diese meine Bitte, Leben Sie recht wohl, und genehmigen Sie meine Verehrung

JOSEF GRIENBERGER.

Straubing 1. July 1812.

In anderen Schriften finden sich vereinzelte Hinweise, daß das Schleifen von Brillengläsern regelmäßig[1]) ausgeführt wurde, aber dieser Betriebszweig natürlich für die große Welt ganz nebensächlich und nicht erwähnenswert erschien, weil ganz neben den optischen Erfolgen verschwindend; für das Innere des Werkes kam er aber doch in Betracht, denn auch noch bis in die späteren Zeiten, als das Werk schon unter seinem letzten Besitzer S. v. MERZ, stand, wurden noch in Benediktbeuern in Heimarbeit von ehemaligen alten Schleifern und Arbeitern Brillen hergestellt, zu deren Anfertigung die Leute Gläser, Schalen, Schleifmittel erhielten; geschliffen wurde auf Schleifmaschinen für Hand- oder Fußbetrieb; die fertigen Gläser kamen dann zur Ablieferung. Durch Überlieferung ist in Benediktbeuern diese Hausindustrie als bis auf FRAUNHOFER zurückreichend bekannt.

Es war notwendig, die angeführten Ereignisse und die Nebendinge in der Zeitspanne der Jahre 1809—1814 und 1816 hier unterzubringen, denn wir finden FRAUNHOFER nachher aufgehend in den Hauptwerken seines Lebens, daß wir uns bloß mehr

---

1) Dem steht entgegen S. 72,2.

damit beschäftigen müssen, ebenso wie mit seinen rein wissenschaftlichen Arbeiten, welche, wie seine erste große theoretische Arbeit, der physikalischen Erkenntnis neue ungeahnte Fortschritte bringen sollten.

War also die Zeit von 1807—1814 schon insofern gewissermaßen ein Abschnitt für sich, gekennzeichnet durch eine Fülle rein technischer Leistungen, welche, bis dahin unbekannt, der neugegründeten optischen Wissenschaft die vollendete praktische Ausführung ihrer rechnerischen Ergebnisse gewährleistete, so waren die folgenden Jahre mehr der Ausführung des außergewöhnlich Großen in diesem Fache neben der rein wissenschaftlichen Tätigkeit gewidmet. Der innere und äußere Entwicklungsgang des UTZSCHNEIDER-FRAUNHOFERschen Unternehmens drängte ja von selbst danach, um so mehr, als man sich bei den Fortschritten in der Glasbereitung in der Größe der Objektive nicht mehr beschränkt fühlte; außerdem bewirkten die außergewöhnlichen Leistungen, welche schon vorlagen, den rasch zunehmenden großen Ruf des Werkes nicht allein in den wissenschaftlichen Kreisen, sondern auch in allen gebildeten Ständen, welche beide dann bemüht waren, sich Erzeugnisse von da zu beschaffen; man mußte einen „Fraunhofer“ (Fernrohr) haben, das Fernrohr gewann eine ungeahnte Popularität, und die Astronomie befand sich wie die Optik am Anfang einer neuen herrlichen Blütezeit. Namentlich durch die Arbeiten der beiden HERSCHEL (FRIEDR. WILH. HERSCHEL 1738—1822 und seines Sohnes JOHN FR. W. 1792—1871) drang das Interesse für Astronomie in die weitesten Kreise der Gebildeten, welche damals überhaupt einen ganz anderen Anteil an den Fortschritten der Wissenschaft nahmen, als es heute der Fall ist. Doch nicht allein die Astronomen, sondern auch die Gelehrten, welche sich mit der Kleinwelt beschäftigen, Zoologen, Botaniker, Mediziner, suchten zu Benediktbeuern ihre Zuflucht und bezogen von da Mikroskope, die alles damals vorhandene an Güte und Leistungsfähigkeit sowohl als auch nach der Schönheit und Vorzüglichkeit der rein mechanischen Arbeit übertrafen.

In das Jahr 1816 fällt die Anfertigung eines ganz großen Mikroskopes mit Schraubenmikrometer und in das gleiche Jahr die Verbesserung des Heliometers. Dieses Gerät — eigentlich ein Doppelbildmikrometer —, bei welchem aber die Doppelbilder nicht, wie sonst, im Okular, sondern durch das Objektiv erzeugt werden; die ursprüngliche Idee SAVERY und BOUGUERS, durch zwei nebeneinander befindliche und gegeneinander parallel verschiebbare Objektive doppelte Bilder zu erreichen, änderte J. DOLLOND 1753 dahin, daß er statt zweier Objektive nur eines, mitten durchgeschnitten, verwandte. Aber erst der Kunst FRAUNHOFERS gelang es, dieses Meßwerkzeug so zu verbessern, daß es dem Fadenmikrometer fast ebenbürtig wurde, ja sogar in mancher Hinsicht dasselbe an Genauigkeit übertraf. Das Heliometer — Sonnenmesser — hat seinen Namen daher, weil es sich besonders eignet, den Sonnendurchmesser festzustellen, indem es gestattet, Entfernungen bis zu 1° zu messen, während das Fadenmikrometer kaum Entfernungen von 12—15 Minuten umfaßt. Der Vorgang des Messens ist so, daß der zunächst im Gesichtsfeld einfach erscheinende Gegenstand (Sonne, Planet, Sterne) bei Verschiebung der Hälften des genau durchschnittenen Objektives doppelt erscheint und sich seine entgegengesetzten Ränder, oder bei Sternen sich diese mit benachbarten in Berührung oder Deckung bringen lassen[1]).

Die hierzu nötige Verschiebung der in schlittenähnlichen Fassungen befindlichen Objektivhälften wird abgelesen und dann daraus der wahre Abstand im Bogenmaß berechnet; daß die Trennungslinie der beiden Objektivhälften im Positionswinkel steht, muß der Vollständigkeit wegen angeführt werden.

Dieses Gerät steht denn auch schon in dem am 1. September 1816 neu erschienenen Preisverzeichnis, welches hier seinem Inhalt nach ganz wiedergegeben werden soll, denn es zeigt am besten die seit 1812 im Werke gemachten Fortschritte; hier darf auch das Preisverzeichnis der anderen mechanischen Werkstätte,

[1]) Näheres: Kultur der Gegenwart, Band III Astronomie, Leipzig, Verl. Teubner, S. 523.

welche unter UTZSCHNEIDERS geschäftlicher Leitung stand, Platz finden, denn sie bezog ja, ebenso wie die REICHENBACHsche Werkstätte, ihre optische Ausrüstung von Benediktbeuern, war also in gewissem Sinne doch von den dortigen Fortschritten abhängig.

Neuester Preis-Courant des optischen Instituts zu Benedictbeuern und der mechanischen Werkstätte in München von J. UTZSCHNEIDER in München[1]).

Alle angesetzten Dimensionen sind in zwölftheiligem Pariser Maße, und alle Preise in Gulden nach dem 24 Guldenfuße zu verstehen.

Die mechanische Werkstätte, worin alle Instrumente und Fernröhre des optischen Instituts zu Benedictbeuern montirt werden, steht unter der Leitung des Mechanikus RUDOLPH BLOCHMANN.

Alle Objective, Oculare und Libellen der Werkzeuge, welche aus der mechanischen Werkstätte zu München hervorgehen, sind aus dem optischen Institute zu Benedictbeuern.

Wer bei einem dieser beiden Institute Bestellungen machen will, beliebe sich an den Unterzeichneten (J. UTZSCHNEIDER) in München zu wenden.

[203] *A.*

Verzeichniß der optischen Werkzeuge, welche in dem optischen Institute zu Benedictbeuren, Utzschneider et Fraunhofer,
für nachstehende Preise verfertigt werden:

1. *Heliometer* mit messingener Säule und drei Füßen, parallactisch montirt, mit zwei Libellen, und Stunden- und Declinations-Kreis von 4,6 Zollen Durchmesser, beide mit silbernem Limbus, durch die Verniers von 20 zu 20 Secunden getheilt. Das Fernrohr hat ein achromatisches Objectiv von 42 Zoll Brennweite und 34 Linien Oeffnung, vier astronomische Oculare von 41, 52, 81 und 131 maliger Vergrößerung, und zwei Sonnengläser. Dieser Heliometer ist in allen Stücken sehr wesentlich und vortheilhaft von allen bisherigen verschieden, er repetirt die damit gemessenen Durchmesser der Sonne und Planeten, Distanzen, Ascensions- und Declinations-Unterschiede, ist in jeder Lage vollkommen balancirt, und giebt vermittelst der Micrometer-Schraube eine halbe Secunde ohne Repetition an 1430 Fl.
2. *Cometensucher* mit hölzernem Rohre, messingener Säule und drei Füßen, parallactisch montirt, mit Stunden- und Declinations-Kreis von 3,6 Zollen Durchmesser, beide von 5 zu 5 Minuten unmittelbar getheilt. Das Fernrohr hat ein achromatisches Objectiv von 24 Zoll Brennweite und 34 Linien Oeffnung, und zwei astronomische Oculare von 10 und 15 maliger Vergrößerung. Das Feld hat 6 Grade 468 Fl.
3. *Cometensucher* mit hölzernem Rohre, ohne Stativ. Das Fernrohr hat ein achromatisches Objectiv von 24 Zoll Brennweite und 34 Linien

1) [Gilberts Annalen 1816. 54. 202—216.]

Oeffnung, und ein astronomisches Ocular von 10 maliger Vergrößerung. Das Feld hat 6 Grade 88 Fl.

[204] 4. *Großer achromatischer Refractor* von 9 Fuß 2 Zoll Brennweite und 6 Zoll 6 Linien Oeffnung, parallactisch montirt, mit eingetheilten Stunden-Kreis und Declinations-Quadranten. Das Rohr hat einen astronomischen Sucher, alle nöthigen feinen und groben Bewegungen, ist in jeder Lage balancirt, folgt durch eine Uhr mit einem Centrifugal-Pendel der Bewegung der Sterne, und hat 6 astronomische Oculare von 62, 93, 140, 210, 320 und 470 maliger Vergrößerung. Dabei ein repetirendes Lampen-Micrometer mit drei besondern Ocularen etc.

Außer diesen 9-füßigen Refractoren sind noch einige von 14 Fuß Brennweite und 8,5 Pariser Zoll Oeffnung in Arbeit. Bei Bestellungen solcher größerer Instrumente wird man sich über den Preis vereinigen.

5. *Tubus* von 5 Fuß 4 Zoll Länge, mit messingener Röhre und Stativ, feiner Vertical- und Horizontal-Bewegung, achromatischem Objectiv von 54 Zoll Brennweite und 43 Linien Oeffnung, zwei irdischen Ocularen von 60 und 90facher, und fünf astronomischen Ocularen von 48, 72, 108, 162 und 243 maliger Vergrößerung, mit zwei Sonnengläsern. Der ganze Tubus in einem polirten Kasten. 692 Fl.

6. *Tubus* von 4 Fuß 10 Zoll Länge, mit messingener Röhre und Stativ und feiner Vertical-Bewegung. Das Fernrohr hat ein achromatisches Objectiv von 48 Zoll Brennweite und 37 Linien Oeffnung; zwei irdische Oculare von 57 und 80, und vier astronomische von 64, 96, 144 und 216 maliger Vergrößerung mit einem Sonnenglas. Der ganze Tubus in einem polirten Kasten. 422 Fl.

7. *Tubus* von 4 Fuß 4 Zoll Länge mit messingener Röhre und Stativ. Das achromatische Objectiv des Fernrohrs [205] hat 42 Zoll Brennweite und 34 Linien Oeffnung; zwei irdische Oculare von 50 und 70, und drei astronomische von 54, 84 und 126 maliger Vergrößerung, nebst einem Sonnenglas. Mit polirtem Kasten 330 Fl.

8. *Tubus* von 3 Fuß 4 Zoll Länge mit messingener Röhre und Stativ. Das Fernrohr hat ein achromatisches Objectiv von 30 Zoll Brennweite und 29 Linien Oeffnung; ein irdisches Ocular von 42, und zwei astronomische von 60 und 90 maliger Vergrößerung, nebst einem Sonnenglas. Mit polirtem Kasten 190 Fl.

9. *Tubus* von 2 Fuß 6 Zoll Länge mit messingener Röhre und Stativ. Das Fernrohr hat ein achromatisches Objectiv von 20 Zoll Brennweite und 21 Linien Oeffnung; ein irdisches Ocular von 28, und zwei astronomische von 40 und 60 maliger Vergrößerung, nebst einem Sonnenglas. Mit polirtem Kasten 117 Fl.

10. *Fernrohr* von 4 Fuß 1 Zoll Länge mit hölzernem Rohr ohne Stativ. Das Fernrohr hat ein achromatisches Objectiv von 42 Zoll Brennweite und 32,5 Linien Oeffnung; eine Auszugsröhre mit einem irdischen Ocular von 55, und zwei astronomischen von 84 und 126 maliger Vergrößerung und einem Sonnenglas. Mit Kasten 160 Fl.

11. *Fernrohr* von 3 Fuß 1 Zoll Länge mit hölzernem Rohr ohne Stativ. Das Fernrohr hat ein achromatisches Objectiv von 30 Zoll Brennweite und 27 Linien Oeffnung; eine Auszugsröhre mit einem irdischen Ocular von 40 und zwei astronomischen von 60 und 90 maliger Vergrößerung und einem Sonnenglas. Mit Kasten 94 Fl.

12. *Seefernrohr* von 4 Fuß 1 Zoll Länge mit hölzernem Rohre. Das Fernrohr hat ein achromatisches Objectiv von 42 Zoll Brennweite und 29,5 Linien Oeffnung; mit einer irdischen Ocularröhre von 55 maliger Vergrößerung. Nebst Kasten 97 Fl.

[206] 13. *Seefernrohr* von 3 Fuß 1 Zoll Länge, mit hölzernem Rohre, achromatischem Objective von 30 Zoll Brennweite und 25,5 Linien Oeffnung, einer irdischen Ocularröhre von 40 maliger Vergrößerung; nebst Kasten 68 Fl.

14. *Seefernrohr* von 2 Fuß 3 Zoll Länge, mit hölzernem Rohre, achromatischem Objective von 20 Zoll Brennweite und 19 Linien Oeffnung, einer irdischen Ocularröhre, und Kasten 38 Fl.

15. *Seefernrohr* von 1 Fuß 10 Zoll Länge, mit hölzernem Rohre, achromatischem Objective von 16 Zoll Brennweite, 15,5 Linien Oeffnung, und einer irdischen Ocularröhre 31 Fl.

16. *Zugfernrohr* von 2 Fuß 2 Zoll Länge, mit einem hölzernen Rohre und drei Auszugsröhren von Messing, einem achromatischen Objectiv von 20 Zoll Brennweite und 19 Linien Oeffnung, und Futteral von Maroquin 45 Fl.

17. *Zugfernrohr* von 1 Fuß 10 Zoll Länge, mit einem hölzernen Rohre und drei Auszugsröhren von Messing, einem achromatischen Objectiv von 16 Zoll Brennweite und 15,5 Linien Oeffnung, und Futteral von Maroquin 34 Fl.

18. *Zugfernrohr* von 1 Fuß 6 Zoll Länge, mit einem hölzernen Rohre und drei Auszugsröhren von Messing, einem achromatischen Objective von 12 Zoll Brennweite und 13 Linien Oeffnung, und Futteral von Maroquin 26 Fl.

19. *Großes zusammengesetztes Mikroskop* mit vollständigem Apparat, um die Durchmesser der Gegenstände in irgend einem bestimmten Maaß bis auf 0,00001 Zoll genau angeben zu können, und mit Apparat zur Beleuchtung, sechs achromatischen Objectiven, einem [207] doppelten und einem einfachen Ocular zu verschiedenem Gesichtsfeld und Vergrößerung. Die Vergrößerungen der Flächen sind bei dem einfachen Ocular 256, 441, 1024, 2809, 5476, 10000, und beim doppelten Ocular 576, 992, 2304, 6320, 12321, 22500. Das ganze Mikroskop ist in einem polirten Kasten 520 Fl.

20. *Zusammengesetztes Mikroskop*, mit vollständigem Apparat, vier achromatischen Objectiven und zwei Ocularen, nebst Kästchen. Die Flächen der Gegenstände werden 400, 900, 2500, 5620 und 12100 mal vergrößert 130 Fl.

21. *Zusammengesetztes Mikroskop*, mit vollständigem Apparat, drei achromatischen Objectiven und einem Ocular, nebst Kästchen. Die Flächen der Gegenstände werden 400, 900, 2500 und 5620 mal vergrößert 61 Fl.

22. *Reise-Mikroskop*, mit zwei achromatischen Objectiven, Spiegel, Stiel-Loupe, Schieber, Zängelchen etc. Alles in einer messingenen Hülse 44 Fl.
23. *Loupe*, in einen messingenen Ring gefaßt 2½ Fl., in ein messingenes Röhrchen gefaßt 1½ Fl. und etwas kleiner 1 Fl. 24 Kr.
24. *Camera Lucida*, mit Fassung zum Anschrauben an einen Tisch, nebst Augengläsern für Kurz- und Weitsichtige 33 Fl.
25. *Prismen* aus Crown- und Flintglas zusammengesetzt, von verschiedener Größe, zu 4, 6, 10, 20 Fl.
26. *Plan-* und *Parallel-Spiegel* in runder Form.
27. *Oculare* in Röhren, auch bloße *Ocular-Linsen*.
28. *Libellen*.

Diese drei Gegenstände werden nur auf Be- [208] *stellungen verfertigt, und nach Maßgabe ihrer Dimensionen wird der Preis bestimmt.*

29. *Achromatische Objective. Zur Bequemlichkeit für Künstler, welche sich mit Verfertigung astronomischer Instrumente beschäftigen, hat sich das optische Institut entschlossen, einzelne Objective blos in einen Ring gefaßt, zu verkaufen. Die Oeffnungen sind in Linien des zwölftheiligen Pariser Maaßes angegeben, und die Breite des Fassungsringes nicht mitgerechnet; der ganze Durchmesser der Objective wird also um einige Linien größer, als der hier bezeichnete seyn.*

Oeffnung	12‴	Preis	13 Fl.;	Oeffnung	33‴	Preis	116 Fl.
—	14	—	15	—	36	—	150
—	16	—	18	—	39	—	191
—	18	—	21	—	42	—	238
—	21	—	28	—	45	—	293
—	24	—	44	—	48	—	356
—	27	—	63	—	51	—	427
—	30	—	87	—	54	—	506
				—	60	—	694

Auf Verlangen werden gegen 40 Kreuzer per Stück perspectivische Zeichnungen in Groß-Quart-Format von No. 1, 2, 4, 6, 19, 22 und 26 abgegeben.

München den 1. September 1816.

J. Utzschneider.

B.

Verzeichniß derjenigen Werkzeuge, welche in der mechanischen Werkstätte Utzschneider, Liebherr et Werner in München,
um nachstehende Preise verfertigt werden:

1. *Passagen-Instrument* mit achromatischem Fernrohre, dessen Objectiv 8 Fuß Brennweite und 5 Zoll 6 Li- [209] nien Oeffnung hat, mit einem Niveau zum Anhängen an die Achse, vier astronomischen Ocularen und einem Sonnenglase. Das Ocular ist zum Verschieben eingerichtet, und die Fäden-Beleuchtung geschieht durch die Achse. Das ganze Instrument ist in allen Theilen sowohl des Fernrohrs als der Achse zweckmäßig balancirt, und die ganze Construction dem Zwecke, wel-

chen die neuere praktische Astronomie erheischt, angemessen. Die ungleiche Reibung der Zapfen und thermometrische Wirkung der Zapfenlager ist durch eine besondere Einrichtung möglichst vermieden. Dieses ist auch der Fall beim nächstfolgenden. Das Verhältniß der Länge des Fernrohrs zu der der Achse ist wie 4 : 3 3500 Fl.

Auf besonderes Verlangen erbietet man sich auch, Passagen-Instrumente von 10 Fuß Brennweite und 6 Zoll 6 Linien Oeffnung, in allen andern Stücken dem obigen gleich zu verfertigen. Bei der wirklichen Bestellung wird man sich in diesem Falle über den Preis vereinigen.

2. *Passagen-Instrument* mit achromatischem Fernrohre, dessen Objectiv 6 Fuß Brennweite und 4 Zoll 4 Linien Oeffnung hat, mit einem Niveau zum Anhängen an die Achse, vier astronomischen Ocularen und einem Sonnenglas. Die übrige Einrichtung ist wie beim vorhergehenden 2000 Fl.
3. *Passagen-Instrument* mit achromatischem Fernrohre von 3 Fuß 6 Zoll Brennweite und 2 Zoll 10 Linien Oeffnung, nebst Niveau zum Anhängen an die Achse, drei astronomischen Ocularen und einem Sonnenglas. Die übrige Einrichtung ist der des vorhergehenden gleich 825 Fl.
4. *Passagen-Instrument* mit achromatischem Fernrohre von 2 Fuß 6 Zoll Brennweite und 2 Zoll 4 Linien [210] Oeffnung, nebst Hänglibelle, drei astronomischen Ocularen und einem Sonnenglas. Die übrige Einrichtung ist wie bei obigen 550 Fl.
5. *Meridian*-Kreis von 2 Fuß Durchmesser, mit silbernem Limbus, und vermittelst der vier Verniers von 2 zu 2 Secunden getheilt. Das achromatische Fernrohr hat 3 Fuß 6 Zoll Brennweite und 2 Zoll 10 Linien Oeffnung, drei astronomische Oculare und ein Sonnenglas. Der ganze Meridiankreis ist wie ein Passagen-Instrument, zur Rectification und Untersuchung des Collimations-Fehlers, zum Umhängen eingerichtet, in allen seinen Theilen vollständig balancirt, und hat zwei große Niveau, das eine zum Anhängen an die Horizontal-Achse, das andere zur Versicherung des festen Standes der Verniers. Die Fädenbeleuchtung geschieht durch die Achse, und das Ocular ist zum Verschieben eingerichtet 1800 Fl.
6. *Repetitions-Kreis* von 2 Fuß im Durchmesser, mit stehender Säule und einem Azimuthal-Kreis von einem Fuß Durchmesser. Beide Kreise sind mit silbernem Limbus; ersterer gibt durch vier Nonien 4, und letzterer durch zwei Nonien 10 Secunden. Das achromatische Objectiv des Fernrohrs hat 2 Fuß 6 Zoll Brennweite, und 2 Zoll 4 Linien Oeffnung. Das prismatische Ocular hat drei Einsätze mit einem Sonnenglas. Die Fäden-Beleuchtung geschieht durch die Achse des Fernrohrs. An der Vertikal-Achse ist ein großes Niveau befindlich, und zur Versicherung des unverrückten Standes des Kreises beim Umdrehen der Alhidade wird ein Fühlhebel, welcher statt eines beweglichen Niveau dient, angebracht. Ein zweites Niveau dient zum Anhängen an die Horizontal-Achse 2000 Fl.
7. *Repetitions-Kreis* von 18 Zollen im Durchmesser, mit stehender Säule und einem Azimuthal-Kreis von [211] 8 Zollen im Durchmesser; beide

Kreise mit silbernem Limbus, ersterer mittelst vier Verniers von 4 zu 4, letzterer durch zwei Verniers von 10 zu 10 Secunden getheilt. Das achromatische Objectiv hat 2 Fuß Brennweite und 2 Zoll Oeffnung. Das prismatische Ocular hat zwei Einsätze nebst einem Sonnenglas. Die übrige Einrichtung ist ganz dieselbe, wie beim vorhergehenden 880 Fl.

8. *Bordaischer tragbarer Repetitions-Kreis*, mit Höhen-Kreis von 12 Zollen, und Azimuthal-Kreis von 5 Zollen im Durchmesser; beide mit silbernem Limbus, ersterer mit 4 Verniers von 4 zu 4 Secunden, letzterer mit einem Vernier von Minute zu Minute getheilt. Die beiden achromatischen Fernröhre haben 16 Zoll Brennweite und 15 Linien Oeffnung, nebst einem prismatischen Ocular mit zwei Einsätzen und einem Sonnenglase. Außer dem auf dem untern Fernrohre befindlichen Niveau, hat dieser Kreis noch zwei, ein kleines auf der Horizontal-Achse befestigtes, und ein größeres zum Anhängen an dieselbe. Die Faden-Beleuchtung geschieht durch die Achse des Fernrohrs 800 Fl.

9. *Multiplicirender Horizontal-Kreis* oder *Theodolith* von 12 Zollen im Durchmesser, mit vier Verniers auf silbernem Limbus von 4 zu 4 Secunden getheilt; mit einem Höhen-Halbkreis von 8 Zollen im Durchmesser von 30 zu 30 Secunden durch den Nonius auf silbernem Limbus getheilt, mit zwei achromatischen Fernröhren von 16 Zoll Brennweite und 15 Linien Oeffnung, zwei astronomischen Ocularen, Sonnenglas, Niveau und Illuminateur zum Anstecken 682 Fl.

Zur bequemern Beobachtung der Azimuthe mittelst der Circum-Polar-Sterne und um kleine Fehler in der Rectification unwirksam zu machen, wird zu diesem Instrument auf Ver- [212] *langen ein besonderes Fernrohr mit prismatischem Oculare, Achse und Höhen-Kreis, in einem besondern Kasten geliefert; der Preis desselben ist* 180 Fl.

10. *Multiplicirender Theodolith* von 8 Zollen im Durchmesser, mit vier Verniers von 10 zu 10 Secunden auf silbernem Limbus getheilt; mit einem Höhen-Kreise von 6 Zollen durch den Nonius von Minute zu Minute auf silbernem Limbus getheilt; mit zwei achromatischen Fernröhren von 12 Zoll Brennweite und 12 Linien Oeffnung, einem astronomischen Ocular, Sonnenglas, Niveau und Illuminateur zum Anstecken 400 Fl.

11. *Kleiner Theodolith* von 6 Zollen im Durchmesser, mit Höhen-Gradbogen auf silbernem Limbus von Minute zu Minute getheilt, zwei achromatischen Fernröhren von 8 Zoll Länge, und einem Niveau. Das ganze Instrument befindet sich auf einem Gestelle mit drei hölzernen Füßen 200 Fl.

12. *Astronomischer multiplicirender Theodolith* von 8 Zollen im Durchmesser welcher zur Messung von Horizontal- und Vertikal-Winkeln gebraucht werden kann. Der Kreis ist mit vier Nonien auf Silber von 10 zu 10 Secunden getheilt. Die zwei achromatischen Fernröhre haben 15 Zoll Brennweite und 15 Linien Oeffnung, ein astronomisches Ocular, Sonnenglas, zwei Niveau, und Illuminateur zum Anstecken 475 Fl.

13. *Aequatorial*, dessen Achse 3 Fuß 9 Zoll lang ist, mit einem Stunden- und Declinations-Kreis, jeder von 2 Fuß im Durchmesser mit silbernem Limbus. Ersterer giebt durch zwei Verniers eine Secunde in Zeit, letzterer zwei Secunden in Raum. Das achromatische Fernrohr hat 2 Fuß 6 Zoll Brennweite, 2 Zoll 4 Linien Oeffnung, 3 astronomische Oculare, ein Sonnenglas, drei Niveau, und einen Kreis- und Filar-Mi- [213] krometer, letzteren zum Repetiren. Die Fäden-Beleuchtung geschieht durch die Achse des Fernrohrs; es wird aber außerdem noch ein Illuminateur zum Anstecken dazu gegeben 2000 Fl.

14. *Tragbares Aequatorial* auf einer messingenen Säule mit 3 Füßen stehend. Der Stunden-Kreis hat 8, und der Declinations-Kreis 12 Zolle im Durchmesser; ersterer ist von 4 zu 4 Secunden in Zeit, letzterer eben so in Raum auf silbernem Limbus durch zwei Verniers getheilt. Das achromatische Fernrohr hat 20 Zoll Brennweite und 18 Linien Oeffnung, zwei astronomische Oculare mit Kreis- und Filar-Mikrometer, letzteres zum Repetiren, ein Sonnenglas und zwei Niveau. Die Fäden-Beleuchtung geschieht durch die Achse des Fernrohrs 517 Fl.

15. *Spiegel-Sextanten* von 6 bis 12 Zolle Radius mit silbernem Limbus, mittelst des Nonius von 10 bis 4 Secunden nach Verhältniß der Größe getheilt. Das Fernrohr ist achromatisch. Preis von 88 bis 154 Fl.

Zu diesen Sextanten werden auf besondere Bestellungen, Stative und Quecksilber-Horizonte geliefert.

16. *Astronomische Pendeluhren* nach einer neuen Construction im Echappement, mit Compensations-Pendel und gestochenem Zifferblatt: *einen Monat lang gehend* 350 Fl.; *acht Tage lang gehend* 328 Fl.

17. *Pendeluhren* mit gewöhnlichem Anker-Echappement, hölzerner Pendelstange und gestochenem Zifferblatt: *einen Monat lang gehend* 132 Fl.; *acht Tage lang gehend* 110 Fl.

18. *Reise-Pendeluhren* mit Compensations-Pendel, Gewichten, gestochenem Zifferblatt und Kasten: *einen* [214] *Monat lang gehend* 297 Fl.; *acht Tage lang gehend* 275 Fl.

19. *Secunden-Zähler* mit hölzernem halben Secunden-Pendel; drei Stunden lang gehend 88 Fl.

20. *Tertien-Zähler* mit kreisförmig schwingendem Pendel, drei Stunden lang gehend 88 Fl.

21. *Schritt-Zähler* in Taschenuhr-Form $16^1/_2$ Fl.

22. *Vollständige Pendel-Apparate* zur Messung der Länge des einfachen Secunden-Pendels. Die größte Länge des Pendels, welche damit gemessen werden kann, ist gegen 6 Fuß. *Der Preis eines solchen Pendel-Apparates ist noch nicht bestimmt, doch wird derselbe nicht über 130 Fl. gehen.*

23. *Achromatische Distanz-Messer* mit einem Fernrohr von 18 Zoll Brennweite und 17 Linien Oeffnung. Die Distanz, welche man mit diesem Instrument messen kann, geht bis auf 3000 Fuß. Bei Bestellungen muß diese Distanz jedesmal bestimmt werden, ob sie bis auf 1000, 2000 oder 3000 Fuß gehen soll 143 Fl.

24. *Nivellir-Instrument*, bestehend in einem Gestell mit 3 Füßen, worauf der Träger eines 15 zolligen achromatischen Fernrohrs befestigt ist. Die Libelle ist 7 Zoll lang, und zum Umhängen eingerichtet 110 Fl.

Größere Fernröhre und Libellen erhöhen den Preis nach Verhältniß.

25. *Meßtisch* nach neuester Construction, mit hölzernen Fûßen, und dem Obertheil ganz von Messing 44 Fl.

26. *Meßtisch* wie der vorhergehende; beim Obertheil sind die Schrauben von Messing, das übrige von Holz 27 Fl. 30 Kr.

27. *Kippregel* mit einfachem Fernrohr, Dioptern, Gradbogen und Lineas 44 Fl.

[215] 28. *Markscheider-Instrument* bestehend in
   a. Eisenscheibe 143 Fl.
   b. Gradbogen mit Senkel }
   c. Haeng-Compaß } in einem Futteral 99 Fl.
   d. Zuleg-Instrument }

29. *Stangen-Zirkel* mit hölzerner Stange, sanfter Bewegung und Mikrometer-Schraube 11 Fl.

30. *Transporteur* mit *Nonius*. Der Preis hängt von der Größe des Radius bei der Bestellung ab.

31. *Copier-Maschinen* mit messingener Säule und eisernem Gerippe 350 Fl.; mit hölzerner Säule und Gerippe 136 Fl.

32. *Pantographen* zum Vergrößern und Verkleinern der Zeichnungen 132 Fl.

33. *Maschine* zum *Perspectiv-Zeichnen* $16^1/_2$ Fl.

34. *Boussolen* mit Nadel von 4 Zoll Länge und Dioptern $16^1/_2$ Fl.; ohne Dioptern 11 Fl.

35. *Azimuthal-Compaß* 70 Fl.

36. *Magnetische Inclinatorien* und *Declinatorien*.

37. *Luftpumpen* nebst Apparaten. Die Gattung der Luftpumpe nebst Zugehör muß bei Bestellungen genau angegeben werden.

Der Preis von No. 36. und 37. hängt von der Größe und Art der Bestellung ab.

Außer den hier genannten Instrumenten werden noch auf besondere Bestellungen verschiedene Arten von Maschinen in dieser Werkstätte gemacht, als z. B.

Spinn-Maschinen.
Kartätsch-Maschinen.
Oehl-Pressen mit Schrauben.
Hydrostatische Pressen.
[216] Bohr-Maschinen zu großen Cylindern.
Maschinen, welche zum Münzprägen gehören, von welcher Art sie auch seyn mögen.
Waagen von allen Gattungen.
Uhrmacher-Maschinen.
Guillochier-Maschinen.
Schlösser, unter dem Namen Englische Patent-Schlösser bekannt.
Thurm-Uhren von allen Gattungen.

Dann werden durch Obige auch noch in einer eigenen Anstalt sogenannte *Holzschrauben* verfertigt, oder eiserne Schrauben, welche in Holz, zu Maschinen, zum Zusammenschrauben von Kästen, Anschrauben von Schlössern, Bändern etc. gebraucht werden. Ueber dieselben wird ein eigener Preis-Courant bekannt gemacht werden.

Auf Verlangen, gegen 40 Kreuzer per Stück, werden perspectivische Zeichnungen in groß Quart-Format von den unter No. 1, 5, 6, 8, 9, 10, 11, 12, 13, 14, 22, 23 und 24, 25, 31 und 32 bemerkten Instrumenten abgegeben.

München den 1. September 1816.

J. Utzschneider.

Als neue Geräte finden wir zunächst, außer dem schon genannten Heliometer, die Kometensucher, parallaktisch montiert und ohne Stativ mit einer Öffnung von 34 Linien bei 24 Zoll Brennweite (76 mm : 64,8 cm); hieraus und dem Angebot der Refraktore geht wieder am deutlichsten hervor, wie sehr man die Anfertigung der Objektive rechnerisch und technisch beherrschte; als größtes — katalogmäßig — also auch regelmäßig ausgeführtes Instrument erscheint ein Refraktor mit Objektiv von 6 Zoll 6 Linien (175 mm) Öffnung bei einer Brennweite von 9 Fuß 2 Zoll (2 m 98 cm); die Aufstellung zeigt bereits alle von Fraunhofer eingeführten Neuerungen, wie die parallaktische Anordnung der Achsen, Aufsuchungskreise, grobe und feine Bewegungen, Ausbalancierung des Rohres in jeder Lage, Sucher und eine Uhr mit Zentrifugalpendel, welche das Fernrohr der Bewegung der Sterne nachführt, an welche Verbesserungen man vorher weder dachte noch ihre mechanische Ausführung sachgemäß durchführen konnte. Die Reihe der großen Stativ- und Zugfernrohre entspricht annähernd den früheren Leistungen. Als neu erscheinen die sog. Seefernrohre mit nur einem Okularauszug von großer Lichtstärke, wie es der Gebrauch auf See bei Dämmerung erforderte; die Theatergläser kamen in Wegfall, gewiß zur Freude Fraunhofers. Mikroskope werden in vier verschiedenen Ausführungen angefertigt, und, als ganz besonders erwähnenswert, hat man sich nun zur Abgabe fertiger gefaßter Fernrohrobjektive entschlossen in der Größe von 12—60 Linien (27—136 mm), „zur Bequemlichkeit für Künstler, welche sich mit Verfertigung astronomischer Instrumente beschäftigen", wie es in der Ankündigung heißt; sogar einzelne Okularlinsen wurden abgegeben. Man wollte damit einesteils einen größeren Absatz erzielen, anderenteils aber sicher auch das Entstehen von neuen Unternehmungen auf dem Gebiet der Glasbereitung und damit zusammenhängende optische Betriebe verhüten; eine Warnung in dieser Hinsicht waren ja bereits die Versuche STRAHLS mit GUINAND im Hintergrunde.

Die andere unter UTZSCHNEIDERS Leitung stehende Werkstatt (UTZSCHNEIDER, LIEBHERR und WERNER), ebenso wie das REICHENBACH-ERTELsche Geschäft, zeichneten sich neben der Anfertigung der kleineren mathematischen Geräte, wie der Theodolite und anderer zur Erdmessung gehöriger Werkzeuge, aus durch den Bau von großen Meridiankreisen, Passageinstrumenten, Repetitionskreisen; es war eigentlich damals keine Sternwarte von Bedeutung, welche nicht ein aus einer der beiden Anstalten stammendes Präzisionsinstrument gehabt oder durch Bestellung sich gesichert hätte; wenn auch die Lieferung ziemlich lange auf sich warten ließ.

Nach heutigen Anschauungen befremden uns die kleinen Äquatoreale, welche im Verhältnis zu der großartigen mechanischen Ausrüstung (Kreise, welche 1 Sek. Zeit und 2 Sek. Bogen ablesen lassen, Fadenmikrometer mit Lampenbeleuchtung) mit einem recht kleinen Objektiv von 2 Zoll 4 Lin. = 63 mm versehen waren; obendrein kosteten solche Instrumente die für damals schon sehr bedeutende Summe von 2000 fl., natürlich das meiste davon kam auf Rechnung der feinmechanischen Teile und großen Kreise, während die optische Ausrüstung daneben fast verschwand.

Es war Regel, die Kreise mit einer für solche Geräte viel zu weitgehenden Unterteilung auszustatten.

Von theoretischen Arbeiten FRAUNHOFERS in dieser Zeit entstand außer der schon erwähnten ersten Abhandlung 1812—1814 (ihre Drucklegung in den Schriften der k. bayr. Akademie der Wissenschaften vom Jahre 1817 kommt nur daher, weil der Band für 1814 und 1815 im Jahre 1817 noch nicht abgeschlossen war) noch die kleine Arbeit: „Versuche über die Ursachen des Anlaufens und Mattwerdens des Glases und die Mittel, denselben zuvorzukommen", 1817, Anhang 1819.

Im Jahre 1819 verkaufte UTZSCHNEIDER seinen Besitz Kloster Benediktbeuern an den Staat, welcher daraus ein Militär-Remonte-Depot machte und außerdem den landwirtschaftlichen Betrieb weiterführte. UTZSCHNEIDER verlegte nun den optischen Betrieb nach München, während die Glasöfen in Benediktbeuern weiter im Gang blieben; man war da gebunden wegen der Ofenbauten, hauptsächlich aber wegen des Holzreichtums der Gegend und damit der Billigkeit des Heizstoffes. Der Verkehr zwischen den beiden Werken geschah auf der etwa 55 Kilometer langen Wegstrecke München—Benediktbeuern, welche sich aber in einem Tag leicht bewältigen läßt, durch Botenfuhrwerk.

Es bildete also die Verlegung des optischen Betriebes sicher eine wesentliche Verbesserung sowohl für den Absatz der Erzeugnisse als auch für die raschere Erledigung der Aufträge; auch die zahlreichen Wissenschafter, Akademiker und auswärtige Professoren konnten in der Hauptstadt sich besser mit den Vorständen aussprechen, als wenn sie zuerst das abgelegene Benediktbeuern aufsuchen mußten.

Neben der Glasschmelze blieb in Benediktbeuern aber noch die Schreinerei, und auch die Schleifmittel, wie Sand und Schmirgel, richtete man dort zu. In den Briefen FRAUNHOFERS an seinen Vertrauensmann JUNGWIRTH finden wir stets Belege dafür durch Bestellungen und Anordnungen; auch treffen wir da Bestellungen auf Holzrohre für Fernrohre verschiedener Größe, wozu man von München die Mahagonifurniere schickte; die großen Stative für Refraktoren richtete man ebenfalls da zu und setzte sie erst in München zusammen, wozu der Benediktbeurer Schreiner RIESCH nach München kam oder mit FRAUNHOFER auf dem Rückwege von einer Schmelze nach München mitfahren durfte. Diesem Zweig des Werkes stand ein früherer Zimmermann MICHAEL RIESCH[1]) vor, welchen FRAUNHOFER für die Sonderanfertigung

[1]) Dr. SEITZ: Holzrohre für Fernrohre. Dtsch. Mech.-Zeit. 1916, S. 187.

der Holzrohre anlernte; auf einem festen Dorn formte man das leicht konische Rohr aus schmalen Latten, welche verleimt und zuletzt durch ein Mahagonifurnier den äußeren Schutz und Zusammenhalt erhielten, womit auch dem Erfordernis der Schönheit Genüge getan war; kleine Rohre bohrte man aus dem vollen Holz; an den Holzrohren hielt FRAUNHOFER und seine Nachfolger noch lange fest und statteten alle größeren Tuben damit aus, während die kleineren mit Messingrohren ausgestattet wurden.

Man war überhaupt bestrebt, möglichst viele Arbeiten in Benediktbeuern ausführen zu lassen, z. B. die Schraubenbolzen, wie sie die Verbindung der Balken bei den großen Refraktoren erforderte, fertigte ein Schmied in Benediktbeuern; die Behälter für die tragbaren Zugfernrohre, die mit rotem Saffianleder überzogen waren — welche Ausstattung ein besonderes Merkzeichen der Werkstätte bildete, so daß jeder Kenner gleich die Herkunft des Fernrohres wußte —, stellte man ebenfalls in Benediktbeuern her, wohl vielfach in Heimarbeit.

Häufig enthalten die Briefe nach Benediktbeuern auch Genehmigungen oder Anweisung zur Beschaffung von Rohstoffen, besonders der Pottasche, welche aus der Umgebung — mit der von Tegernsee aus Tannenholzasche war FRAUNHOFER besonders zufrieden — bezogen wurde; FRAUNHOFER vereinigte eben den ganzen Betrieb des Werkes in seiner Hand und besorgte auch den erforderlichen Stoffersatz an Metallen und Chemikalien.

Für die vollendeten Geräte gab das Werk Anweisungen zum Gebrauch und Aufstellung derselben bei, welche stets von FRAUNHOFER selbst verfaßt waren. Mit großer Hingebung sind alle diese Anleitungen zuerst von ihm selbst geschrieben und scheint er auf alle Anfragen unermüdlich eingegangen zu sein; aus dieser Zeit sind zwei kürzere Schriften erhalten. Die eine: „Bemerkungen über die Aufstellung des kleinen Refraktors" für TITTEL[1]) in Ofen und: „Einige Bemerkungen über den Gebrauch des Mikroskopes"[2]).

[1]) Nach Pogg. PAUL TITTEL (geb. 1784, gest. 1831), Professor der Astronomie in Pesth, seit 1824 Direktor der Sternwarte an PASQUICHS (S. 34) Stelle.

[2]) Urkunden des Deutschen Museums Nr. 7430, 7431.

Nach FRAUNHOFERS Entwurf schrieb man in feiner Schrift — wie gestochen — die Reinschrift.

Die Zeit, welche außer den Arbeiten für das Werk übrig blieb, verwendete FRAUNHOFER zu eingehenden Versuchen über die Beugung des Lichtes[1]) und legte deren Ergebnisse in der Schrift: Neue Modifikationen des Lichtes und gegenseitige Einwirkung und Beugung der Strahlen und Gesetze derselben. Von Jos. FRAUNHOFER, nieder.

Diese große Abhandlung entschied den Streit über die Wellennatur des Lichtes und die daran anschließenden weiteren Mitteilungen („Kurzer Bericht von den Resultaten neuerer Versuche über die Gesetze des Lichtes und die Theorie derselben", eine zweite Abhandlung unter gleichem Titel, und „Über die Entstehung der Höfe, Nebensonnen und verwandte Phänomene", denen noch eine „Theorie der Höfe, Nebensonnen und verwandter Phänomene mit Versuchen zur Bestätigung derselben" folgte), klärten bisher nicht zu deutende Erscheinungen in einfacher Weise auf[2]).

FRAUNHOFERS Theorie der Höfe führt die erwähnten Erscheinungen auf Beugung des Lichtes, welche die in der Luft schwebenden Dunstkügelchen verursachen, zurück und erklärt die Höfe großer Art durch das Vorhandensein von Eiskristallen in der Luft, welche das Licht einfach brechen.

Hier findet auszugsweise ein Brief FRAUNHOFERS Platz, denn er gibt einen gewissen Aufschluß über die Tätigkeit zu Benediktbeuern, ferner aber finden wir den uns schon bekannten Optiker NIGGL, neben dem FRAUNHOFER im Beginn seiner Laufbahn arbeitete und welcher 1807 ausgetreten aus der Anstalt, in München sich selbständig gemacht hatte. NIGGL, offenbar in dürftigen Verhältnissen, wendet sich an den Akademiker CHR. SCHWEIGGER[3]) in München um Fürsprache bei FRAUNHOFER, welcher am 2. August 1817 antwortet[4]):

An H. Prof. u. Akademiker SCHWEIGGER in Mchn. B. B. 2 Aug. 1817.

---

1) LOMMEL: FRAUNHOFERS ges. Schriften S. 54.

2) LOMMEL: FRAUNHOFERS ges. Schriften S. 51, 117, 177, 181.

3) SALOMON CHRISTOPH SCHWEIGGER, Prof. d. Physik u. Chemie in Erlangen, später in Halle, geb. 8. IV. 1779, gest. 1857.

4) Akten Nr. 7414 des Deutschen Museums.

„Dass H. NIGGL in dürftigem Zustand ist bedaure ich recht sehr.

1. Dass sie sich seiner so menschenfreundlich annehmen, verdient sehr viel Lob. Ich werde gerne so viel ich vermag ihn nützlich zu sein suchen, so es auf den von ihnen vorgeschlagenen Weg geschehen kann weiss ich eben nicht. In allem was hier gemacht wird haben wir eigene Maschinen u. Vorrichtungen um es in der gehörigen Volkommenheit u. zu den niedrigsten Preisen machen zu können; diese Vorrichtungen hat so viel mir bekannt ist H. NIGGL nicht.

2. Auf Brillen Theaterperspektive pp. werden hier keine Bestellungen angenommen. Wollte man auch auf Theaterperspektive Bestellungen annehmen und H. NIGGL die Gläser zu schleifen geben so fehlte es an der Fassung; was der Eleganz wegen, bey diesen fast die Hauptsache ist und wozu man hier am wenigsten Zeit findet weil es an geschulten Drehern fast immer mangelt doch hierüber mündlich mehr."

Zum Schlusse fügt er hinzu, es würde UTZSCHNEIDER freuen, wenn Prof. SCHWEIGGER bei seinem Hiersein in Benediktbeuern im Klostergebäude wohnen würde, und bei sonnigem Wetter wolle er ihm seine Versuche über die Farbenzerstreuung, die er gewiß sehen wolle, zeigen.

Einen Überblick über die Fortschritte, die man in Benediktbeuern-München seit dem Jahre 1812 in der Anfertigung optischer Geräte gemacht hatte, gewährt die Preisliste vom 1. November 1820, die wie die vorausgehenden unverkürzt wiedergegeben wird.

Verzeichniß der optischen Instrumente welche in dem optischen Institute UTZSCHNEIDER et FRAUNHOFER ehemals in Benedictbeurn, jetzt in München für nachstehende Preise verfertigt werden[1].

Alle in diesem Preis-Courant angesetzte Dimensionen sind im zwölftheiligen Pariser Maße zu verstehen.

1. HELIOMETER mit messingener Säule und drey Füssen, parallactisch montirt, mit zwey Libellen, Stunden- und Declinations-Kreis von 4,6 Zollen im Durchmesser, beyde mit silbernem Limbus, durch die Verniers von Minute zu Minute getheilt. Das Fernrohr hat ein achromatisches Objectiv von 42 Zoll Brennweite und 34 Linien Oeffnung, vier astronomische Oculare von 41, 52, 81 und 131 maliger Vergrößerung, und zwey Sonnengläser. Dieser Heliometer ist in allen Stücken sehr

[1]) [Abgedruckt nach einem in den UTZSCHNEIDERschen Akten vorgefundenen Preisblatt. Der gleiche Text findet sich in dem UTZSCHNEIDERschen Nachruf auf FRAUNHOFER „Kurzer Umriß usw." und darnach, aber ohne das Schlußdatum in dem Abdruck in DINGLERS Journal 1826. 21. 161—176.]

wesentlich von allen bisherigen verschieden, er repetirt die damit gemeßenen Durchmeßer der Sonne und Planeten, Distanzen, Ascensions- und Declinations-Unterschiede, ist in jeder Lage vollkommen balancirt, und gibt vermittelst der Micrometer-Schraube eine halbe Secunde ohne Repetition an 1850 —

2. COMETENSUCHER, mit hölzernem Rohre, messingener Säule und drey Füßen, parallactisch montirt, mit Stunden- und Declinations-Kreis von 3,6 Zollen im Durchmesser, beyde von fünf zu fünf Minuten unmittelbar getheilt. Das Fernrohr hat ein achromatisches Objectiv von 24 Zoll Brennweite. 34 Linien Oeffnung, und zwey astronomische Oculare von 10 und 15 maliger Vergrößerung. Das Feld hat 6 Grade 490

3. COMETENSUCHER mit hölzernem Rohre, ohne Stativ. Das Fernrohr hat ein achromatisches Objectiv von 24 Zoll Brennweite, 34 Linien Oeffnung, und ein astronomisches Ocular von 10 maliger Vergrößerung. Das Feld hat 6 Grade . . . . . 88 —

4. GROSSER ACHROMATISCHER REFRACTOR von 9 Fuss 2 Zoll Brennweite, und 6 Zoll 6 Linien Oeffnung, parallactisch montirt, mit eingetheiltem Stunden-Kreis und Declinations-Quadranten. Das Rohr hat einen astronomischen Sucher, alle nöthigen feinen und groben Bewegungen, ist in jeder Lage balancirt, folgt durch eine Uhr mit einem Centrifugal-Pendel der Bewegung der Sterne, und hat 6 astronomische Oculare von 62, 93, 140, 210, 320 und 470 maliger Vergrößerung, nebst einem repetirenden Lampen-Micrometer mit drey besondern Ocularen etc.

Außer diesen neunfüßigen Refractoren sind noch einige von 14 Fuß Brennweite und 8,5 Pariser Zoll Oeffnung in Arbeit. Bey Bestellungen solcher größerer Instrumente wird man sich über den Preis vereinigen.

5. TUBUS mit Pyramidal-Stativ, unmittelbar am Boden stehend, Füße und Rohr von Mahagony-Holz, zwey gezähnten schiefen Stangen zur sanften Bewegung des Rohrs. Das achromatische Objectiv hat 72 Zoll Brennweite und 52 Linien Oeffnung, zwey irdische Oculare von 82 und 120, fünf astronomische von 64, 96, 144, 216 und 324 maliger Vergrößerung, einen Kreismicrometer, zwey Sonnengläser und achromatischen Sucher . . . 1280 —

6. TUBUS mit Pyramidal-Stativ, unmittelbar am Boden stehend, Füße und Rohre von Mahagony-Holz, zwey gezähnten schiefen Stangen zur sanften Bewegung des Rohrs. Das achromatische Objectiv hat 60 Zoll Brennweite und 48 Linien Oeffnung, ein irdisches Ocular von 66, fünf astronomische Oculare von 54, 80, 120, 180 und 270 maliger Vergrößerung, einen Kreis-Micrometer, achromatischen Sucher und zwey Sonnengläser . . . 1040 —

7. TUBUS mit Pyramidal-Stativ, unmittelbar am Boden stehend, Füße und Rohr von Mahagony-Holz, zwey gezähnten schiefen

Stangen zur sanften Bewegung des Rohrs. Das achromatische Objectiv hat 60 Zoll Brennweite und 43 Linien Oeffnung, ein irdisches Ocular von 66, fünf astronomische Oculare von 54, 80, 120, 180 und 270 maliger Vergrößerung, einen Kreis-Micrometer, achromatischen Sucher und zwey Sonnengläser . 870 —

8. Tubus von 4 Fuß 10 Zoll Länge mit messingener Röhre und Stativ, und feiner Vertical-Bewegung. Das Fernrohr hat ein achromatisches Objectiv von 48 Zoll Brennweite und 37 Linien Oeffnung; zwey irdische Oculare von 57 und 80, und vier astronomische von 64, 96, 144 und 216 maliger Vergrößerung mit einem Sonnenglas. Der ganze Tubus in einem polirten Kasten . . . . 422 —

9. Tubus von 4 Fuß 4 Zoll Länge mit messingener Röhre und Stativ. Das achromatische Objectiv des Fernrohrs hat 42 Zoll Brennweite und 34 Linien Oeffnung; zwey irdische Oculare von 50 und 70, und drey astronomische von 54, 84 und 126 maliger Vergrößerung, nebst einem Sonnenglas und polirtem Kasten . . . . 330 —

10. Tubus von 3 Fuß 4 Zoll Länge mit messingener Röhre und Stativ. Das Fernrohr hat ein achromatisches Objectiv von 30 Zoll Brennweite und 29 Linien Oeffnung, ein irdisches Ocular von 42, und zwey astronomische von 60 und 90 maliger Vergrößerung, nebst einem Sonnenglas und polirtem Kasten 190 —

11. Tubus von 2 Fuß 6 Zoll Länge mit messingener Röhre und Stativ. Das Fernrohr hat ein achromatisches Objectiv von 20 Zoll Brennweite und 21 Linien Oeffnung, ein irdisches Ocular von 28, und zwey astronomische von 40 und 60 maliger Vergrößerung, nebst einem Sonnenglas und polirtem Kasten 117 —

12. Fernrohr von 4 Fuß 1 Zoll Länge mit hölzernem Rohr ohne Stativ. Das Fernrohr hat ein achromatisches Objectiv von 42 Zoll Brennweite und 32,5 Linien Oeffnung; eine Auszugsröhre mit einem irdischen Ocular von 55, und zwey astronomischen von 84 und 126 maliger Vergrößerung, ein Sonnenglas und Kasten . . . . 160 —

13. Fernrohr von 3 Fuß 1 Zoll Länge mit hölzernem Rohr ohne Stativ. Das Fernrohr hat ein achromatisches Objectiv von 30 Zoll Brennweite und 27 Linien Oeffnung; eine Auszugsröhre mit einem irdischen Ocular von 40, und zwey astronomischen von 60 und 90 maliger Vergrößerung, ein Sonnenglas und Kasten . . . . 94 —

14. Seefernrohr von 4 Fuß 1 Zoll Länge mit hölzernem Rohre. Das Fernrohr hat ein achromatisches Objectiv von 42 Zoll Brennweite und 29,5 Linien Oeffnung, mit einer irdischen Ocularröhre von 55 maliger Vergrößerung, nebst Kasten . . 97 —

15. Seefernrohr von 3 Fuß 1 Zoll Länge mit hölzernem Rohre, achromatischem Objective von 30 Zoll Brennweite und

25,5 Linien Oeffnung; einer irdischen Ocularröhre von 40 maliger Vergrößerung, nebst Kasten . . . . 68 –

16. Seefernrohr von 2 Fuß 3 Zoll Länge mit hölzernem Rohre; achromatischem Objective von 20 Zoll Brennweite, 19 Linien Oeffnung; einer irdischen Ocularröhre, und Kasten . . . . 38 –

17. Seefernrohr von 1 Fuß 10 Zoll Länge mit hölzernem Rohre, achromatischem Objective von 16 Zoll Brennweite, 15,5 Linien Oeffnung, und einer irdischen Ocularröhre . . . . 31 –

18. Zugfernrohr von 2 Fuß 2 Zoll Länge mit einem hölzernen Rohre und drey Auszugsröhren von Messing, einem achromatischen Objectiv von 20 Zoll Brennweite, 19 Linien Oeffnung, und Futteral von Marroquin . . . . 45 –

19. Zugfernrohr von 1 Fuß 10 Zoll Länge mit einem hölzernen Rohre und drey Auszugsröhren von Messing, einem achromatischen Objectiv von 16 Zoll Brennweite, 15,5 Linien Oeffnung, und Futteral von Marroquin . . . . 34 –

20. Zugfernrohr von 1 Fuß 6 Zoll Länge mit einem hölzernen Rohre und drey Auszugsröhren von Messing, einem achromatischen Objective von 12 Zoll Brennweite, 13 Linien Oeffnung und Futteral von Marroquin . . . . 26 –

21. Grosses zusammengesetztes Microscop mit vollständigem Apparat, um die Durchmesser der Gegenstände in irgend einem bestimmten Maß auf 0,00001 Zolle genau angeben zu können; mit Apparat zur Beleuchtung, sechs achromatischen Objectiven, einem doppelten und einem einfachen Ocular zu verschiedenen Gesichtsfeld und Vergrößerung. Die Vergrößerungen der Flächen sind bey dem einfachen Ocular 256, 441, 1024, 2809, 5476, 10000, und beym doppelten Ocular 576, 992, 2304, 6320, 12321, 22500. Das ganze Microscop ist in einem polirten Kasten . . . . 520 –

22. Zusammengesetztes Microscop mit vollständigem Apparat, vier achromatischen Objectiven mit zwey Ocularen, nebst Kästchen. Die Flächen der Gegenstände werden 400, 900, 2500, 5620 und 12100 mal vergrößert . . . . 130 –

23. Zusammengesetztes Microscop mit vollständigem Apparat, drey achromatischen Objectiven und einem Ocular, nebst Kästchen. Die Flächen der Gegenstände werden 400, 900 und 2500 mal vergrößert . . . . 61 –

24. Reise-Microscop mit zwey achromatischen Objectiven, Spiegel, Stiel-Loupe, Schieber, Zängelchen, etc. Alles in einer messingenen Hülse . . . . 52 –

25. Loupe, in messingenen Ring gefaßt 2 30

26. Loupe, in messingenes Röhrchen gefaßt 1 30

27. Loupe wie die vorhergehende, nur etwas kleiner 1 24

28. Camera lucida, mit Fassung zum Anschrauben am Tisch, nebst zwey Augengläsern für Kurz- und Weitsichtige . . . 33 –

29. Camera lucida, mit Fassung zum Anschrauben am Tisch, nebst vier Augengläsern für Kurz- und Weitsichtige . . . . 40 —

30. Prismen von Crown- und Flintglas zusammengesetzt, von verschiedener Größe . . . . zu 4 —, 6 —, 10 —, 20 —

31. Plan- und Parallel-Spiegel von runder Form.

32. Oculare in Röhren, auch blosse Ocularlinsen.

33. Libellen.

Diese drey unter No. 31, 32 und 33 bemerkten Gegenstände werden nur auf Bestellung verfertigt und nach Maßgabe ihrer Dimensionen der Preis bestimmt.

34. Achromatische Objective.

Zur Bequemlichkeit für Künstler, welche sich mit Verfertigung astronomischer Instrumente beschäftigen, hat sich das optische Institut entschlossen, einzelne Objective, bloß in einen Ring gefaßt, zu verkaufen. Die Öffnungen sind in Linien des zwölftheiligen Pariser Maßes angegeben, und die Breite des Fassungsringes nicht mit gerechnet. Der ganze Durchmesser der Objective wird also um einige Linien größer, als der hier bezeichnete seyn.

Oeffnung	12	Linien	13 —
—	14	—	15 —
—	16	—	18 —
—	18	—	21 —
—	21	—	28 —
—	24	—	44 —
—	27	—	63 —
—	30	—	87 —
—	33	—	116 —
—	36	—	150 —
—	39	—	191 —
—	42	—	238 —
—	45	—	293 —
—	48	—	356 —
—	51	—	427 —
—	54	—	506 —
—	57	—	595 —
—	60	—	694 —
—	63	—	804 —
—	66	—	924 —
—	72	—	1200 —

Auf Verlangen werden perspectivische Zeichnungen in Groß-Quart-Format von No. 1, 2, 4, 5, 21 und 28 gegen 40 kr. per Stück abgegeben.

München, den 1. November 1820.

In München vollendete nun FRAUNHOFER das Geräte, das, schon in Benediktbeuern begonnen, für alle Zeiten seinen und seines Benützers Namen nicht allein in der wissenschaftlichen Welt, sondern auch bei allen Gebildeten unvergeßlich machte: Den Dorpater Refraktor; zuerst für Göttingen bestimmt, wurde er dann von STRUVE[1]) für die Universitätssternwarte zu Dorpat (Livland) gewonnen. Soviel sich übersehen läßt, begannen die Arbeiten zu diesem — wie man damals allgemein sagte — Riesenrefraktor schon in den Jahren 1818—1820, zu dessen Objektiv die Gläser Kron Nr. 9 und das Flint Nr. 33, welche Schmelze FRAUNHOFER selbst als eine der bestgelungenen bezeichnete, zur Verfügung standen; das Objektiv hatte einen Durchmesser von 24,4 cm bei einer Brennweite von 41,33 m, welche Maße zu erreichen man einfach für unmöglich hielt; außerdem sollten völlig neue mechanische Anordnungen zur Ausführung kommen, die das Gerät auf den Gipfel der Vollkommenheit heben würden. Über den Verlauf des Schliffes der Linsen erfahren wir nur einige Andeutungen in Briefen oder Mitteilungen, die darauf bezogen werden können, aber wirklich eindeutige Nachrichten fehlen, ebenso wie vom ganzen Verlauf der Arbeit, von den Einzelanordnungen, ihren planmäßigen Festlegungen für die Werkstatt nichts mehr zu erfahren ist[2]); Werkzeichnungen oder Radienbestimmungen sind nicht mehr erhalten. Als das große Fernrohr Sommer 1824 in der griechischen Kirche (Salvatorkirche), in deren Nähe sich die optische Werkstätte befand, aufgestellt und dem allgemeinen Besuch zugänglich gemacht worden war, erschien es als abgeschlossene, nicht mehr zu verbessernde Meisterleistung, an der auch wir heutzutage prinzipiell nichts Besseres mehr anzubringen wüßten.

Wenn auch schon der kleine Ofener Refraktor in den Grundzügen die großen Neuerungen im Bau der Himmelsfernrohre zeigte,

---

[1]) FRIEDR. GEORG WILHELM STRUVE, Professor der Astronomie zu Dorpat, geb. 1796, gest. 1864.

[2]) Das Objektiv ist im Dez. 1819 in München ausgestellt und mit der ersten Medaille der Münch. Industrieausstellung ausgezeichnet worden.

so kamen diese hier völlig zur Vollendung; sie sind ja bekannt und brauchen nicht näher beschrieben werden. Dagegen müssen – als bisher ganz unbekannt — die von FRAUNHOFER selbst verfaßten „Notizen über die verschiedenen Teile des großen Refraktors, die Korrektionen usw." unverkürzt wiedergegeben werden.

Das Fernrohr, in 21 Kisten verpackt, kam am 19. Dezember 1824 in Dorpat unbeschädigt an und wurde nach der von FRAUNHOFER verfaßten, ausführlichen Anleitung ohne jede Schwierigkeit so aufgestellt, daß es sofort gebrauchsfähig war.

Die neuen Mikrometer — von denen zwei, der Kreis- und der Lampennetzmikrometer, von FRAUNHOFER neu erfunden waren[1]) – folgten dem Fernrohr später nach.

Die Vollendung des großartigen Werkes, dem in München schon eine so ungewöhnliche Aufstellung in einer Kirche zuteil geworden war, bildete ein Ereignis nicht bloß für die Gelehrten, sondern in gleicher Weise für alle Gebildeten der Stadt; man empfand es als eine nationale Tat, einen Triumph für Bayern überhaupt, und FRAUNHOFER erwarb sich bei hoch und nieder unbegrenzte Hochachtung und Verehrung; es ist kein Zweifel, daß die Erkenntnis seiner Genialität und seiner Leistungen damals schon geradezu volkstümlich geworden war. Der Magistrat schickte ihm das förmliche Bürgerrecht, und der König Maximilian ehrte seinen Schützling mit dem Zivilverdienstorden der bayrischen Krone, womit dem ehemaligen verschütteten, aus den Trümmern des zusammengestürzten Hauses ausgegrabenen Glaserlehrling der persönliche Adel verliehen wurde, der zahlreichen anderen privaten Ehrungen von den verschiedensten Seiten, von Gelehrten und gelehrten Gesellschaften nicht zu gedenken.

Die Notizen, welche Fraunhofer dem Refraktor mitgab, sind für die Geschichte des Fernrohres von größter Bedeutung und kommen hier zur Wiedergabe —:

---

[1]) LOMMEL: FRAUNHOFERS ges. Schriften S. 146. Schumachers astr. Nachr. Bd. II, S. 361–372. 1824.

Notizen über die verschiedenen Theile des großen Refraktors, die Korrektionen u. s. w.[1]).

Da die inneren Flächen des großen Objectives ohngefähr alle zwey Jahre gereinigt werde müssen, so ist es schon darum nöthig zu wissen, auf welche Art es in seine Faßung befestigt ist. Ich kann mich, was das Wiederhinbringen des Objectivs, das Reinigen desselben betrift, zum Theil auf das beziehen, was ich in Nro. 59 der astronomischen Nachrichten darüber geschrieben habe. – Die Auflage der meßingen Faßung des Objectives wird durch die vordere Fläche des Crownglases nur an drey Stellen berührt, deren Mitten 120° voneinander entfernt sind. Die stärker erhabene Seite des Crownglases und die hohle Seite des Flintglases, berühren an denselben drey Orten sich mittelst drey am Rande zwischen diesen Flächen geklebte genau gleich dicke Staniol- [2] blättchen. An denselben drey Stellen drückt auf die erhabene Seite des Flintglases ein Ring, welcher durch 6. Schrauben in die Faßung festgehalten wird, und die Dienste einer Feder macht. Die Schräubchen, deren immer ein Paar 60° von den Staniolblättchen entfernt sind, haben ihre Gewinde im Federring, und die Objectivfaßung hat längliche Löcher, auf deren Rand die flachen Köpfe der genannten Schräubchen drücken, so daß, wenn man bey jedem Paare der Schräubchen den Federring gegen das Objectiv drückt und während des Drückens die Schräubchen feststellt, alsdann das Objectiv mit diesem Drucke in der Faßung festgehalten wird, – damit die Axen des Flint- und Crownglases immer in eine Linie fallen, muß auch die Peripherie dieser Gläser die Objectivfaßung berühren. Da aber das Meßing sich stärker ausdehnt als Glas, so wäre, wenn das Objectiv im Sommer gehörig paßend in die Faßung ge- [3] macht worden wäre, das Glas im Winter im gespannten Zustand in derselben; deswegen berührt auch die Peripherie des Objectives die Faßung nur an den obengenannten drey Stellen. Der innere Durchmeßer der Objectivfaßung ist nämlich um die doppelte Dicke eines Staniolstreifens größer als der Durchmeßer des Objectives. An zwey der Stellen, wo das Objectiv die Auflage berührt, sind an der Peripherie Staniolstreifen zugelegt; an der dritten Stelle aber ist die Objectivfaßung durchbrochen, d. i. hier hat sie ein viereckiges Loch.

In dieses Loch ist, ohne Zwang, ein Stück Meßing gepaßt, welches die Form hat, welche der aus der Faßung geschnittene Theil hatte. Dieser in die viereckige Oeffnung leicht paßende Theil wird durch zwey an der äußeren Peripherie der Objectivfaßung befindliche Stahlfedern gegen den Rand des Objectives gedrückt, so daß auch in diesem Sinne das Objectiv immer mit gleicher [4] Spannung in seiner Faßung ist, es mag diese sich ausdehnen oder zusammenziehen. Die Stahlfedern, deren jede mit zwey Schrauben an die Objectivfaßung festgeschraubt ist, haben auch noch eine

---

[1]) [Die Abschrift ist von Schreiberhand, die Seitenzahlen sind kenntlich gemacht. Auch der verschiedentlich abweichende erste Entwurf ist noch – in FRAUNHOFERS Handschrift — vorhanden. – Von der Wiedergabe der Abbildungen mußte abgesehen werden.]

J. von Fraunhofer
nach der Natur gezeichnet am 10. November 1825
von Chr. Vogel

dritte Schraube, durch deren Anziehen oder Zurückschrauben die Feder weniger oder mehr drückt.

Bey der Construktion des Objectivs wurde zwar dafür gesorgt, daß für diejenigen Punkte eines Gegenstandes, welche nicht in der Axe des Objectives liegen, die Abweichungen fast so klein als möglich sind; allein völlig vernichtet kann diese Abweichung nie werden. Aus diesen und anderen Ursachen ist es nöthig, dafür zu sorgen, daß die Axe des Objectivs mit der Axe des Okulares ziemlich genau zusammen fällt. Da dieser Zweck beym Drehen des Rohres, der Metaltheile u. s. w. nicht in den nöthigen Grad genau erreicht werden kann, so mußte durch besondere Correktionsschrauben dafür gesorgt werden. — Die meßingene [5] Faßung am weiten Ende des Rohres besteht aus drey Theilen.

Der erste Theil enthält auf die oben beschriebene Art das Objectiv, und diese Faßung ist mit 6. Schrauben an den zweiten Theil geschraubt; beyde Theile berühren sich nur da, wo je ein Paar Schrauben sind, damit keine nachtheilige Biegung entstehen kann. An dem dritten Theil, welcher am hölzernen Rohre fest ist, ist der zweyte Theil mit 9. Schrauben geschraubt, deren immer drey beysammen stehen, und wovon sechs derselben Zugschrauben, drey aber Druckschrauben sind.

Da diese Correktionsschrauben, oder vielmehr die Mitten von je dreyen derselben, 120° voneinander entfernt sind, so kann durch dieselben die Lage des Objectivs, wenn es in Bezug auf das Okular schief am Rohre ist, geändert werden. Der zweite obengenannte Theil hat, da wo die Correktionsschrauben stehen, Löcher, so daß man von außen [6] zu diesen Schrauben kommen kann. — Um zu finden, ob die Axe des Objectives mit der Axe des Okulares zusammenfällt, bediene ich mich eines Instrumentes, welches Fig. 1 ohngefähr darstellt[1]). In einem kurzen Rohre *a b c d* ist ein kleines Fernrohr, deßen Okular einen Kreuzfaden enthält. Das Fernrohr ist oben bey *g* wie ein Seecompaß aufgehängt, nämlich in einem doppelten Ring durch vier Schrauben, die sich unter rechten Winkeln kreuzen, so daß dieses Fernrohr nach allen Richtungen bewegt werden kann. Die Bewegungen geschehen durch zwey Schrauben *h* und *k*, welche 90° voneinander abstehen. Entgegengesetzt von jeder Schraube wird das Fernrohr im Innern durch eine Feder an die Schraube gedrückt, so daß es in Bezug auf das weite Rohr, die einmal erhaltene Lage behält, man mag es in eine vertikale oder horizontale Richtung etc. bringen. [7] An dem Ende des weiten Rohres ist ein Ring *l q* fest; in diesen sind drey stählerne Füßchen *m n p* geschraubt. Jedes dieser Füßchen hat nach außen eine Art abgerundeter Schneide und eine rundlichte polirte Spitze. Wenn man dieses Instrument zum Centriren des Objectivs anwendet, so braucht das große Rohr eben nicht vertikal zu stehen, sondern kann auch horizontal oder wie immer gerichtet seyn. Man hält das beschriebene Instrument so an das große Objectiv, daß die Spitzen aller drey Füßchen an der vorderen Fläche des Crownglases anstehen; aber zwey derselben, z. B. *m n* müssen zugleich

[1]) Ein Instrument dieser Art, welches noch zum Refractor gehört, ist gegenwärtig vollendet und wird mit den Mikrometern abgesendet.

an dem Rande der Objektivfaßung anstehen. Bey dieser Lage des Instrumentes stellt man die zwey Schrauben *h* und *k* so, daß der Kreuzfaden des kleinen Fernrohrs das Okular des großen Fernrohrs genau in der Mitte schneidet. Man bringt alsdann das Centrirungs-Instrument [8] unverändert an den entgegengesetzten Rand des Objectives, doch so, daß dieselben zwey Füßchen *m* und *n* an den Rand der Objectivfaßung anstehen. Schneidet auch in dieser Lage der Kreuzfaden des Centrirungs-Instrumentes das Okular des großen Fernrohrs in der Mitte, so hat die Axe des Objectivs die gehörige Lage; ist es aber nicht der Fall, so sieht man, in welchem Sinne corrigirt werden muß. Das Okular des großen Fernrohrs, so wie das des kleinen, werden bey dieser Manipulation eben so wie auf entfernte Gegenstände gestellt. Daß man durch das Okular des großen Fernrohrs etwas starkes Licht muß einfallen laßen, um es gut zu sehen, versteht sich von selbst. Da des Balancirens ohngeachtet sich vielleicht das große Rohr noch etwas biegt, so könnte man das große Objectiv in zwey entgegengesetzten horizontalen Lagen in dieser Beziehung untersuchen, um, im Fall es sehr bemerkbar wäre, das Mittel nehmen zu können; [9] man braucht jedoch bei dieser Construktion des Objectives nicht sehr ängstlich zu seyn.

Der Theil, in welchem das Okular des großen Fernrohrs sich schiebt, hat ebenfalls Correktionsschrauben; weil auch eine schiefe Stellung des Okulars Undeutlichkeit verursacht. Um diesen Fehler zu finden, muß ein ziemlich ebenes Spiegelglas, welches auf einer Seite rauh und schwarz gemacht ist, so an das Okularrohr gehalten oder geklebt werden, daß man sicher ist, die polirte Fläche des Spiegelglases berühre den Rand des Okularrohres überall gleich. Man bringt nun wie vorher das Centrir-Instrument an einem Rand des großen Objectivs, deckt aber die Hälfte des Objectivs durch ein Blatt steifen Papiers, deßen Durchmesser genau so groß als die Oeffnung des Objektivs ist, zu. Von diesem Papier *e d c* Fig. 2 schneidet man einen sehr schmalen Streifen *h f g*, parallel mit dem Rande der Objectivfaßung heraus, [10] doch so, daß ohngefähr $f\,d = a\,b$, d. i. = der Entfernung der Mitte des kleinen Objectivs vom Rande des großen Objectives. Durch diese Spalte des Papiers läßt man auf irgend eine Art starkes Licht einfallen, z. B. durch einen Spiegel, welches dann von den geschwärzten Spiegelglase reflektirt und im kleinen Fernrohr beobachtet wird, deßen Kreuzfaden man genau darauf stellt. Man rückt dann das durchschnittene Papier um ohngefähr 120° weiter, und beobachtet hier, indem man auch das Centrirungs-Instrument nun ohngefähr 120° verrückt und deßen Schrauben unverändert gelaßen hat, dasselbe. Endlich rückt man es nochmal um 120° in demselben Sinne, und beobachtet auch hier den Kreuzfaden. Schneidet in diesen drey Lagen der Kreuzfäden den Schlitz, so hat das Okularrohr gehörige Stellung. An sehr kleinen Abweichungen ist auch hier nichts gelegen. Man darf nicht besorgen, daß durch das bloße Anlegen des Centrir-Instrumentes das Objectiv beschädiget werde, daß man sich jedoch in acht zu nehmen hat, nicht an [11] das Objectiv zu stoßen, versteht sich von selbst.

Bey der Correction, welche dazu dient, um die Axe des Suchers mit der Axe des großen Objectivs parallel zu stellen, ist nichts zweifelhaft, und hier auch nichts zu erinnern.

Bey Verfertigung des großen meßingen Lagers, in welches das große Rohr geschraubt ist, wurde zwar so viel möglich darauf gesehen, daß die Deklinationsaxe genau vertikal auf die optische Axe sey, was der Fall seyn muß, wenn man mittelst der eingetheilten Kreise jedem himmlischen Gegenstand auffinden will. Allein die Mittel, welche man bey der Ausführung hat, um diesen Zweck zu erreichen, sind unvollkommen; daher wahrscheinlich die genannten Axen nicht genau einen rechten Winkel unter sich einschließen. Ohne Nachtheil für die Festigkeit konnten zu dieser Berichtigung nicht füglich Correktionsschrauben angebracht werden; daher, wenn sich ein Fehler gefunden hat, man sich dadurch zu helfen suchen [12] muß, daß man auf der einen oder andern Seite Streifen mehr oder weniger dicken Papiers unter das Rohr auf das Lager legt. — Genauer sind jene Mittel, durch welche man sich bey der Ausführung versichert, daß die Richtung der Stundenaxe vertikal auf die Deklinationsaxe sey; daher in dieser Beziehung wahrscheinlich nicht soviel fehlen wird, daß es auf das Aufsuchen eines Sternes nachtheilig wirkte. Sollte demohngeachtet in dieser Beziehung etwas sehr merkliches fehlen, so müßte man vor der zweyten Aufstellung da etwas wegschleifen, wo die Stundenaxe an die meßinge Büchse der Deklinationsaxe geschraubt ist.

Es versteht sich von selbst, daß bey der Aufstellung des Instrumentes der längere Theil des hölzernen Kreuzes des Stativs so genau als thunlich mit der Mittagslinie parallel gestellt wird, und daß die Correktion, welche der Stundenaxe die der Polhöhe entsprechende Neigung giebt, durch die Schrauben *a b c* Fig. 3 [13] hervorgebracht wird. Steht aber die Stundenaxe nicht genau parallel mit der Ebene des Mittagskreises, d. i. hat sie eine Richtung östlich oder westlich vom Pol, so kann dieses, wenn der Fehler nicht sehr groß ist, durch die Schrauben corrigirt werden, welche in der Richtung *d e f* stehen, wie sich ebenfalls von selbst versteht. Wäre dieser letztere Fehler sehr groß, so würde durch die genannte Correktion die hölzerne vertikale Säule, d. i. der mittlere Theil des Statives, sehr merklich aus seiner vertikalen Richtung kommen, was sowohl der Festigkeit des Instrumentes, als auch dem Ansehen desselben, etwas nachtheilig wäre. In diesem Falle müßte das Stativ etwas verrückt werden. Es läßt sich nicht schwer verrücken, wenn man die äußersten Fußschrauben etwas zurückschraubt, so daß das Gewicht hauptsächlich nur auf den mittleren Schrauben ruht. Man könnte sich zu diesem Verrücken nötigen Falls auch eine Vorrichtung [14] machen, wie *g h*, die von Eisen und am Boden befestigt wäre; doch halte ich dieses nicht für nöthig.

Das große Rohr konnte nicht im Schwerpunkt aufgehangen werden; weil in diesem Falle das Stativ außerordentlich hoch hätte werden müssen. Das Faßen des Rohres gegen das dünnere Ende desselben machte um so mehr eine starke Balancirung nöthig, da die größere Schwere gegen das Objectiv zu liegt. Balancirt wäre das Rohr schon gewesen, hätte man an das dünnere Ende desselben blos einen Metalring gemacht, der die entsprechende Schwere gehabt hätte; allein in diesem Falle würde das Rohr sich sehr schädlich gebogen haben. Um dieses Biegen in Hinsicht auf das deutliche Sehen unschädlich zu machen, wählte ich, bey der auf die Deklinationsaxe sich beziehenden Balancirung, die konischen hohlen Metalstangen, die in ihren Würfeln doppelte unter rechten Winkeln sich kreuzende Axen haben, so daß in allen Lagen des Rohres zugleich auch gegen [15] die genannte Biegung gesorgt ist. — Es wird bey dieser Balancirung vorausgesetzt, daß der Schwerpunkt in der Axe des großen Rohres liege; allein dieses ist nicht ganz der Fall, weil der Sucher u. s. w. ihn aus derselben verrückt. Diese Unvollkommenheit könnte, bey verschiedenen Lagen des Fernrohrs, nachtheilig auf den Gang der Uhr wirken, und deswegen muß sie corrigirt werden. — Wenn die Uhr einmal so regulirt ist, daß sie z. B. in der Stunde von 0 bis 1 Uhr der Theilung, den Stundenkreis öfter jedes Mal um gleichviel Grade in derselben Zeit gedreht, so läßt man sie auch in den anderen Stunden der Theilung gehen, und bemerkt sich immer den in derselben Zeit von dem Stundenkreis durchlaufenem Raum.. Dasselbe wird auch bey verschiedenen Deklinationen des Fernrohrs, und beym Umschlagen desselben um 180°, wiederholt. Das Voreilen oder Zurückbleiben der Uhr bey den verschiedenen Lagen des Fernrohrs, macht nun mit den Correktionen bekannt, welche an den verschiedenen [16] Balancirgewichten angebracht werden müssen. Daß dieses nur durch ein besonderes Studium' herausgefunden werden kann, versteht sich von selbst. Jedes der beyden Kugelgewichte besteht aus zwey Theilen, d. i. es kann in der Mitte entzwey geschraubt werden. Im Innern findet sich noch ein flacher hohler Raum, um ein Gewicht zulegen zu können. Indem man nun dieses Zuleggewicht an den Rand des hohlen Raumes, auf die eine oder andere Seite, befestigt, fällt der Schwerpunkt der Kugel außerhalb ihre Mitte, und somit wird denn auch der Schwerpunkt des Fernrohrs corrigirt. — Da in dem Falle, wenn z. B. das Filarmikrometer angebracht wird, das Fernrohr an dem kürzeren Ende etwas Bedeutendes zu schwer ist, so muß das innere Gewicht der Kugeln nur für das schwerste Mikrometer eingerichtet werden. Für die leichteren schraubt man alsdann an die Kugeln von außen noch kleine Gewichte. Zu diesem Zwecke wurde in das Ende jeder Kugel ein kleines Loch gebort, welches ein Gewinde enthält. [17] Diese kleinen Gewichte können natürlich erst bestimmt werden, nachdem die Mikrometer angebracht sind. Von den Gewichten im Inneren der Kugeln wird in jedem Falle etwas herausgenommen werden müssen; weil sie gegenwärtig nur für die leichten Okulare eingerichtet sind.

In Bezug auf die Stundenaxe hätte das Fernrohr auch schon balancirt werden können, indem man blos an das Ende der Deklinationsaxe ein hinlänglich schweres Gewicht gemacht hätte. Da aber die Axe des Fernrohrs sehr weit von der Stundenaxe absteht, so glaubte ich an Festigkeit und in anderer Beziehung zu gewinnen, indem ich die Balancirung mit der großen gekrümmten Stange wählte. Der zum Umschlagen des Fernrohrs nöthigen Biegung dieser Stange wegen fällt ihr Schwerpunkt nicht ganz in die Deklinationsaxen, und deswegen möchte es nöthig werden, wenn nämlich der Gang der Uhr darauf hinweißt, statt der Schraube *k*, Fig. 3, noch ein Seitengewicht an- [18] zubringen. Auch an das Ende dieser Stange selbst möchte bei dem schwereren Mikrometer ein kleines Correktionsgewicht angebracht werden müßen; weil es sehr mühsam und etwas gefährlich ist, das große Gewicht selbst jedes Mal zu verrücken. — Weil der kleinste Ring der großen gekrümmten Balancirstange sich, des großen Gewichtes wegen, an der Büchse der Deklinations sehr hart reibt, so wird er öfters geschmirt werden müßen; es ist aber, wie mir jetzt erst beyfällt, nicht sehr wahrscheinlich, daß das Oel jedes Mal in das Innere des Ringes dringt, und deswegen möchte ich rathen, vor der zweiten Aufstellung durch die Mitte aller drey Ringe, in Einer Richtung, ein kleines Loch bohren zu laßen, um durch dieses, mit einem kleinen Röhrchen, Oel in die Mitte des Ringes bringen zu können der großen gekrümmten Balancirstange wegen, welche durch die Speichen des Deklinationskreises gehen muß, konnten an diesen [19] Kreis nicht zwey Verniers angebracht werden[1]).

Die Correktion des großen Gewichtes, welches auf das Lager der Friktionswellen wirkt, ist nicht zweifelhaft. Man schraubt nämlich die obere Decke der Stundenaxe etwas in die Höhe, und drückt dann abwechselnd die Stundenaxe an ihrem dickeren Theil nach unten und oben in das Lager, wo man dann sieht, in welcher dieser beyden Richtungen sie leichter geht, und folglich ob das Gewicht zu schwer oder zu leicht ist. Beßer mag es seyn, wenn das Gewicht so gestellt ist, daß die Stundenaxe etwas nach unten in ihr Lager drückt; damit, wenn ein kleiner Spielraum existirte, durch denselben die Neigung der Axe nicht öfters geändert wird. [20] Die Schraube *m*, Fig.3, welche den stählernen Keil bewegt, auf welchem das Ende der Stundenaxe ruht, dient dazu, um diese Axe in ihrem Lager etwas in die Höhe zu schieben oder herab zu laßen. Diese Correktion ist nöthig, damit die große Schraube ohne Ende das Gewinde ohne Ende des Stundenkreises überall gleich berühre, d. i. daß sie ganz in den Gängen dieses Gewindes sey, was nicht der Fall wäre, wenn der Kreis, parallel mit dem Lager der Axe, zu hoch oder zu niedrig stände; und was auf den Gang der Uhr etc. schädlichen Einfluß hätte. Die große Schraube ohne Ende kann bekanntlich auf der den gezähnten Rädern entgegengesetzten Seite von dem Stundenkreise ausgelößt werden, um das Fernrohr in *AR* mit freyer Hand zu bewegen. Dieses Auslösen geschieht [21] durch eine Art Hebel, welcher die Schraube zurück schiebt. Wenn die Schraube nicht ausgelößt ist, so steht dieser Hebel am höchsten. Schraubt man den stählernen Keil durch die Schraube *m* hinein und heraus, und beobachtet, bey welcher Stellung der Hebel am höchsten stand, so hat man den Ort gefunden, wo der Keil stehen muß, wenn die Schraube das hohle Gewinde des Kreises auch in der Mitte, d. i. am tiefsten Orte, berührt. Man muß sich jedoch in Acht nehmen, daß man durch die Reibung des Hebels nicht getäuscht wird, und deswegen einen schwachen Druck oder ein kleines Gewicht anbringen,

---

[1]) Hätte ich mit Grund erwarten können, daß dieses Instrument mit Sicherheit auch als Equatoreal etwas zu leisten vermöchte, so hätte ich die genannte Balancirstange wegzulaßen und auf andere Weise einiger Maßen zu ersetzen gesucht. Allein im Schwerpunkte hätte alsdann das große Rohr beim Balanciren nicht gefaßt werden können, wodurch eine nachtheilige Biegung etc. entstanden seyn möchte, weswegen ich in diesem Augenblick noch nicht entschloßen bin, ob ich in Zukunft die gekrümmte Stange weglaße.

welches die Reibung überwindet. Daß man sich irgend ein Zeichen anbringen muß, um das Steigen und Fallen des Hebels sehr genau beobachten zu können, versteht sich von selbst. Nahe um das Maximum des Steigens des Hebels kann die Schraube *m* merklich bewegt werden, ohne daß man eine Aenderung am Hebel gewahr wird; deswegen ist es beßer [22] bey zwey gleichen etwas tieferen Ständen des Hebels, den anderen beym Herausschrauben desselben, sich jedes Mal den Stand des Keiles durch eine feine Linie zu bezeichnen, und ihn alsdann auf das Mittel zu stellen. An dem guten Eingreiffen dieser großen Schraube ohne Ende ist, in Bezug auf den Gang der Uhr, viel gelegen, daher man sich soviel thunlich deßen versichern muß.

Man wird von Zeit zu Zeit diese Correktion wiederholen müßen; weil das Ende der Stundenaxe und der Keil selbst sich wahrscheinlich etwas abnützen. Bey der großen Schraube ohne Ende muß auch noch übrigens auf all' das geachtet werden, was auf den gleichen und leichten Gang derselben Einfluß hat, ohne daß sie in der Richtung nach ihrer Länge schlottert; sie muß deswegen auch von Zeit zu Zeit an allen Orten geschmiert werden, wo eine Reibung ist.

[23] Daß das gezähnte Rad, welches an der großen Schraube ohne Ende ist, durch Zurückschieben, von den beyden Werken der Uhr ausgelößt werden kann, und alsdann, während die Uhr fortgeht, das Fernrohr ruhig stehen bleibt, oder mittelst der genannten Schraube durch die Hand sanft bewegt werden kann, fällt ohnedieß in die Augen; eben so, daß man durch das Hineinschieben dieses Rades das Fernrohr jeden Augenblick durch die Uhr kann bewegen laßen etc. Wäre dieses gezähnte an der großen Schraube ohne Ende befindliche Rad unmittelbar mit dem Gehwerke der Uhr in Verbindung, so hätte die Uhr alle noch übrigen Reibungen, die Trägheit u. s. w., zu überwinden, und es wäre an einen auch nur einiger Maßen geregeltmäßigen Gang, bei so außerordentlich schweren Maßen, nicht zu gedenken. Deswegen wurde noch ein zweytes Werk, d. i. noch ein zweites Gewicht, angebracht. Dieses Werk (das Friktionswerk) welches zwischen dem Gehwerke (der eigentlichen Uhr) und der großen Schraube ohne Ende ist und das schwerere Gewicht hat, [24] überwindet die Reibungen u. s. w., so daß das Gehwerk nichts zu überwinden und nur den Gang zu reguliren hat.

Das Gehwerk hat eine doppelgängige Schraube ohne Ende, welche in das kleinere gezähnte Rad des Friktionswerkes greift. So wie das Gewicht des Friktionswerkes gegenwärtig ist, wird es wahrscheinlich etwas zu schwer seyn, daher man von demselben etwas wird wegnehmen müßen. Dieses Gewicht soll nämlich genau so schwer seyn, daß, nähme man das Gehwerk oder die doppelgängige Schraube ohne Ende weg, das Fernrohr durch dieses Gewicht noch nicht ganz bewegt wird, daß aber, wenn das Gewicht nur um etwas weniges vermehrt wird, das Fernrohr schon anfängt sich zu bewegen. Man kann dieses, ohne das Gehwerk wegzunehmen, sehr gut beurtheilen, indem man beobachtet, ob, während des Gehens der Uhr, die schief gestellten Zähne des kleineren Rades des Friktionswerkes durch die Gänge der doppelgängigen [25] Schraube ohne Ende in der Regel links oder rechts berührt werden. Ist nämlich das Gewicht des Friktionswerkes zu schwer, so berühren die genannten Zähne die Gänge der Schraube von der einen Seite, ist es zu leicht, von der anderen Seite; daher die entsprächende Schwere dieses Gewichtes, wenn übrigens am Instrument alles regulirt ist, leicht ausgemittelt werden kann.

Das Gewicht des Gehwerkes bedarf keiner Regulirung dieser Art, statt dessen aber müßen die abgeblatteten Kugeln, in dem runden Gehäuse der Uhr, eine solche Entfernung von der Axe (dem Triebe) erhalten, daß sie dem Gewichte entspricht. Am anderen Ende der doppelgängigen Schraube ohne Ende ist ein Kronrad (im Inneren des viereckigen Gehäuses der Uhr) deßen Zähne in ein vertikalstehendes Trieb greiffen. Die Axe dieses Triebes reicht in das runde Gehäuse hinauf, und an ihr sind zwey einander entgegengesetzte horizon- [26] tale Arme fest, die sich in den runden Gehäuse drehen. Am Ende jedes dieser beyden Arme ist in horizontaler Richtung, quer eine dünne Stahlfeder mit ihrem einen Ende festgeschraubt; am anderen Ende der Feder ist eine kleine abgeblattete Metalkugel. Wenn die Uhr nicht geht, so berühren die Kugeln die innere Peripherie des runden Gehäuses nicht; wird aber die Uhr zum Gehen gebracht, so fliehen die kleinen Kugeln nach außen, weil sie an dünnen quer stehenden Federn sind, und gleiten dann an der inneren Peripherie des Gehäuses. Die Kugeln streben um so mehr zu fliehen, je schneller das Trieb sich dreht, an welchem die beschriebenen Arme sind, und die Kugeln werden dann im Innern des Gehäuses sich stärker reiben, was ihre schnellere Umdrehung hemmt. Dieses Trieb dreht sich daher bey einerley Gewicht, um so schneller, je weiter das runde Gehäuse ist und umgekehrt; Es wird also die Geschwindigkeit, mit [27] welcher die Uhr geht durch die Weite des Gehäuses bedingt; oder vielmehr durch den Abstand der Kugeln von der inneren Peripherie des Gehäuses, im Stande der Ruhe. Damit dieses berichtiget werden könne, und auch damit man den Abstand beyder Kugeln gleich machen könne, was zum regelmäßigen Gang sehr nöthig ist, so ist an jedem Arm noch ein Correktionsschräubchen angebracht, welches auf die kleine Feder, gegen das Ende derselben, drückt. Um aber diese Centrifugal-Unruhe (wie man sie vielleicht nennen könnte) oder vielmehr ihre Kugeln, nicht ändern zu müßen, wenn man die Uhr langsamer oder schneller will gehen machen, so wurde das runde Gehäuse im Inneren konisch gemacht, so daß, indem man das Trieb herabläßt, die Kugeln in einen engeren Raum kommen und einen langsameren Gang der Uhr verursachen, und umgekehrt. Dieses Herablaßen und Hinaufschieben der Kugeln, [28] oder vielmehr des Triebes, an welchem sie sind, geschieht durch die spiralförmige Scheibe am viereckigen Gehäuse der Uhr, weswegen dort auch eine Theilung ist. Man hat sehr dafür Sorge zu tragen, daß die durch die genannte Scheibe sich schiebenden Theile nicht zu streng gehen oder sich klemmen, damit man die Scheibe öfter auf einen und denselben Grad ihrer Theilung gestellt wird, die Uhr immer mit derselben Geschwindigkeit geht. Des genannten Klemmens und der Reibungen wegen soll man diese Scheibe, wenn man die Absicht hat, sie auf irgend einen Grad der Theilung zu stellen, immer nach der Richtung drehen, in welcher sie das Trieb hinaufschiebt; wenn man daher die Scheibe zurück drehen muß, soll man sie mehr als nöthig ist, zurück drehen, um sie im Vorwärtsdrehen auf den entsprechenden Grad der Theilung zu stellen. Die Correktionsschrauben an den Federn [29] der Kugeln sollen so gestellt werden, daß man die Uhr bedeutend geschwinder und langsamer kann gehen machen, als sie gehen soll, wenn das Fernrohr sich mit den Sternen bewegt. Man kann als dann, wenn ein Stern in *AR* nicht an dem Orte im Gesichtsfelde steht, wo man denselben braucht, ihn dadurch an diesem Ort bringen, daß man die Geschwindigkeit der Uhr in dem entsprechenden Sinne ändert, was, wie ich glaube, bey Messungen mit dem Filarmikrometer von großem Vortheil seyn könnte, und was bey einem großen Instrument der Trägheit etc. wegen, durch Schraubenbewegungen u. s. w. noch viel weniger zu erreichen ist, als bei kleineren.

Dieses bestimmte mich hauptsächlich diese Art einer Uhr anzuwenden; weil man bey keiner anderen Art so schnell und so einfach eine große Veränderung in der Geschwindig- [30] keit hervorbringen kann; Man sieht schon aus dem hier erwähnten, daß die Uhr ein eigenes Studium nöthig macht, um sich, des beßten Ganges, deßen sie fähig ist, zu versicheren. Daß die Uhr auch während des Aufziehens nicht zurück bleibt, brauche ich nicht zu erinneren. Ich hielt es daher auch nicht für unumgänglich nöthig, sie länger als eine Stunde mit Einem Aufziehen gehen zu machen; ich hätte bey Uebersetzung des Räderwerkes einige Vortheile verloren. — Ob beyde Kugeln gleichweit vom runden Gehäuse abstehen, dieses scheint mir durch das Gehör richtiger angezeigt zu werden, als durch das Gesicht.

München den 25ten Februar 1825.

Schon 3 Jahre nach Aufstellung des Refraktors erschien STRUVES großes Doppelsternverzeichnis, das 3112 Doppelsterne enthält. In den folgenden 13 Jahren wurden dann die Messungen von 2709 Doppelsternen vollendet und diese ungeheure Arbeit niedergelegt in den „Mensurae micrometricae stellarum duplicium“ usw. Petersburg 1837. Der Katalog „Positiones mediae stellarum inprimis duplicium“, Petersburg 1852, enthält die genauen Örter von 2874 Sternen, meist Doppelsternen, festgelegt mit einem REICHENBACHschen Meridiankreis; STRUVE schuf damit ein Werk für alle Zeiten, und bei der Erwähnung desselben geht stillschweigend der Erbauer des unvergleichlichen Werkes, JOSEF FRAUNHOFER, mit ein, ohne den diese Arbeit nicht hätte geleistet werden können. Ein glänzenderes, überzeugenderes Beispiel für die Notwendigkeit des Zusammenwirkens von reiner Wissenschaft mit der auf höchster Höhe stehenden Technik, wie wir es später wieder sehen an dem — freilich erst nach seinem Tode vollendeten — Königsberger Heliometer.

Anscheinend schon um 1816, sicher aber in den Jahren 1819/20, fand ein Briefwechsel mit BESSEL statt, und ist es sicher, daß FRAUNHOFER selbst schon an den Linsen schliff, wenn auch erst recht viel später (30. Juni 1827), nach FRAUNHOFERS Tode, die förmliche Übereinkunft zur Anfertigung des Heliometers mit UTZSCHNEIDER zustande kam. Bei der endgültigen Ausführung aber erschien es offenbar, daß dank der Vorarbeiten FRAUNHOFERS ein in allen Teilen vollendetes Kunstwerk geliefert wurde, das man rückhaltslos FRAUNHOFER selbst zugute schrieb und die gleiche Bewunderung der wissenschaftlichen Welt fand wie das Dorpatsche Fernrohr; allerdings kam der Beweis für die Güte des Werkes nicht so rasch wie beim anderen; erst 1837 gelang es BESSEL, mittels des FRAUNHOFERschen Heliometers die erste Vertrauen verdienende Parallaxenbestimmung an dem Doppelstern 61 im Schwan auszuführen; der Wert von 0,34 Sekunden fand, nachdem er später angezweifelt, durch die neueren Prüfungen sehr nahe Bestätigung und daraus errechnet sich eine Entfernung des Doppelsternes von der Sonne von 11,2 Lichtjahren. So also wirkten sich die Werke FRAUNHOFERS unmittelbar in den bedeutendsten Fortschritten der Sternkunde aus und dienten zur Anbahnung ganz neuer Wege in dieser Wissenschaft; aber auch die Geräte zur Himmelsbeobachtung erfuhren eine bedeutende Wandlung; der bisher allein herrschende Spiegel mußte dem Linsenfernrohr weichen, welches, viel weniger empfindlich und wesentlich bequemer, in der ihm von FRAUNHOFER gegebenen Form die gleichen oder noch viel bessere Leistungen aufwies[1]).

In den Versuchen FRAUNHOFERS über die Natur des Spektrums, des Spektrums der Sonne und Sterne müssen wir die Anfänge der Spektralanalytik und Astrophysik erblicken, zwei Fächer, die nur sehr spät nach ihm ausgebaut wurden, obwohl er schon in seiner ersten Abhandlung über die Brechung und Zerstreuung

---

[1]) Für die obige Darstellung wurde der ausführliche Briefwechsel FRAUNHOFER-BESSEL, welcher ziemlich vollständig erhalten ist, benutzt (Urkunden des Deutschen Museums Nr. 7420, 7421, 7422, 7423, 7424).

des Lichtes auf die sicher zu erwartenden großen Erkenntnisse hingewiesen hatte.

Als Akademiker hatte FRAUNHOFER auch Vorlesungen zu halten und fanden sich im UTZSCHNEIDERschen Nachlaß eine Anzahl Blätter mit kurzen Notizen und Schlagworten, welche zweifellos zu Vorträgen über das Auge, das Licht und Linsengesetze gehörten; über die akademische Tätigkeit FRAUNHOFERS ist jedoch sonst kein Nachweis erhalten.

Im Jahre 1823 (29. Juli) erhielt FRAUNHOFER auf seine Bitte hin einen jährlichen Gehalt von 800 fl. auf den Etat der k. Akademie als Professor und Konservator des physikalischen Kabinetts; diese Genehmigung gibt Veranlassung zur Frage nach den Gehaltsverhältnissen, welche ihm bei dem optischen Werke zugebilligt waren. Auch ein Brief vom 16. Dezember 1818 gibt einen Fingerzeig, daß die Entschädigung von dem optischen Werke im Verhältnis zu so großen Leistungen dürftig gewesen ist. FRAUNHOFER schreibt an seine Schwester VIKTORIA, die bei ihrem Schwager HEUFELDER in Erding lebte, in einem Brief, welchem für sie 50 fl. beilagen:

„Ich sende Dir hiemit fünfzig Gulden und wiederhole bey dieser Sendung, dass Du sie nicht als Schuldigkeit, sondern als Geschenk und Unterstützung zu betrachten hast und dass Du nicht glauben darfst, dass (ich) im Besitze eines Vermögens bin, sondern dass meine Arbeiten mir nur so viel einbringen, als zu einem mässigen Leben nöthig ist und dass ich mir obige Summe nur durch Entsagung manger Bedürfnisse erübrigen konnte; ich hoffe daher, dass Du auch nur zur Befriedigung der nöthigsten Bedürfnisse von diesem Gelde Gebrauch machst. Zeige mir den Empfang desselben an.

Ich habe von wenigen Tagen von dem Glasers Sohn J. PIENDL in Landau den hier beyliegenden Brief erhalten; er will unsere Glasergerechtigkeit in Straubing kaufen. Spräche darüber mit der LISET und antworte ihr über den Preis; mir ist derselbe in jedem Fall auch recht. Erst wen man mit ihm über den Preis einig ist kann man versuchen ob der Verkauf erlaubt wird. Ich zweifle sehr daran.

Grüsse mir die LISET[1]) und H. Schwager

Dein Bruder

JOS. FRAUNHOFER
Opt."

---

[1]) [Die „LISET" – FRAUNHOFERS Schwester ELISABETHA – war in Erding in erster Ehe verheiratet an einen Kaufmann SCHMIED, in zweiter

Es steht uns aber noch eine Urkunde zur Verfügung, welche später aus anderen Gründen im Wortlaut vorgetragen wird und führt hier FRAUNHOFER auf, daß er — die Urkunde ist vom 24. April 1826 — damals jährlich 1800 fl. Gehalt bekommen hat.

Es soll gegen UTZSCHNEIDER kein Tadel erhoben werden, aber nach unseren Begriffen scheint er seinen Geschäftsleiter, der in jeder Hinsicht ein einziger und unvergleichlicher Mann war, in praktischer wie theoretischer Hinsicht gleich genial, nicht nach seinen Leistungen entlohnt zu haben. FRAUNHOFER gönnte sich während seiner Lebenszeit und besonders während seines Wirkens in dem optischen Betriebe keine Rast und Ruhe; man möchte glauben, daß er zeitweilig hätte ausspannen und sich zu neuem Aufschwung erholen müssen; er hat aber nie eine größere Reise unternommen und das Ausland, außer bei einem Besuch (wozu ihm am 16. November 1925 das Staatsministerium die Erlaubnis erteilte) in Salzburg, nie kennengelernt. Seine hauptsächliche Erholung, wenigstens in Benediktbeuern, fand er in Spaziergängen und Ausflügen in das benachbarte Gebirge; es ist überliefert, daß FRAUNHOFER ein guter ausdauernder Fußgänger gewesen und 9—10 Stunden täglich auf einer Fußreise zurücklegen konnte[1]); eine solche Fußreise sollte, wie wir später sehen, ihm zum Verhängnis werden.

In einem Briefe an S. CHR. SCHWEIGGER vom 2. August 1817 spricht er, daß er dieses Jahr eine Alpenreise machen wolle und sei er vielleicht 2 Tage von Benediktbeuern abwesend, mache aber seine Reise vom Wetter abhängig, sonst befände er sich immer in Benediktbeuern[2]).

Oft mögen ihm auch seine Reisen von München nach Benediktbeuern, wenn eine Schmelze vorzunehmen und er nicht gerade

---

an FRANZ DA PAULA HEUFELDER; sie ist die Mutter der Kaufmanns- und Bürgermeistersgattin WEINDLER, in welcher Familie sich die oben schon erwähnten FRAUNHOFERschen Andenken vererbten. ELISABETH HEUFELDER starb zu Erding 1850, VIKTORIA ebenda am 11. Dezember 1825, 57 Jahre alt.]

[1]) Brief von Baurat SCHLICHTEGROLL an JÖRG. JÖRG, LEONHARD, FRAUNHOFER und seine Verdienste um die Optik. Dissert. München 1859.

[2]) Urkunden des Deutschen Museums Nr. 7414.

am Ofen selbst benötigt war, eine bescheidene Erholung in der freien frischen Natur mit der schönen Aussicht ins Gebirge, wie sie dieser Ort bietet, bereitet haben; sicher aber ist mit dem Fehlen größerer Urlaubsreisen die beispiellose Bedürfnislosigkeit, die unermeßliche Arbeitsfreudigkeit und das völlige Aufgehen in seinem Werke bewiesen.

Heutzutage fragen wir nun mit besonderem Interesse nach, wie ein so bedeutender Mann seiner Umgebung und seinen Mitmenschen erschien.

Seine Zeitgenossen, die Männer seiner nächsten Umgebung, seine Freunde und auch Fernstehende — alle waren in gleicher Weise von dem inneren Wesen FRAUNHOFERS begeistert; die Berichte davon bezeichnen ihn als „einen der edelsten und reinsten Geister, die je gelebt haben"[1]. Der Akademiker Frh. VON MOLL spricht mit ebenso hoher Bewunderung in seinen Briefen an den Anatomen SÖMMERING[2]:

„FRAUNHOFER ist eine Perle (22. XII. 1821), ist fortan die Liebe und Bewunderung der Reisenden vom Fache (3. III. 1823); eine helle Leuchte in der Akademie, zugleich von einem Engelsgemüte — ich möchte von ihm sagen was Napoleon, wie mir dünkt, von LARREY sagte: der beste Mensch, der mir noch begegnet ist. 21. VI. 1823. Wenn der kommende März FR. moralisch und wissenschaftliche Laufbahn endigt, so ist die Akademie mit der Physik am Feldwege — der Verlust von FRAUNHOFER ist unersetzlich, wer setzt die optischen Versuche und Beobachtungen fort und wer wird die Apparate dazu in seiner Gewalt haben, wie diese goldene Seele, dieser sittliche Engel FRAUNHOFER (28. II. 1826)."

Eine im damaligen München bekannte Persönlichkeit, der Arzt RINGSEIS, schreibt in seinen „Erinnerungen[3]":

„Zu meinen damaligen Patienten gehörte der leider seinem frühen Ende schon entgegenwelkende geniale FRAUNHOFER dessen Bescheidenheit seiner scharfsinnigen Forschergabe die Wage hielt und mir einen rührenden Eindruck hinterlassen hat."

Hier liegt vielleicht ein Irrtum bei RINGSEIS vor — er verlegt den Beginn der Krankheit FRAUNHOFERS auf das Jahr 1824 —

[1] SCHLICHTEGROLL an JÖRG. Dissert.
[2] VOIT: J. VON FRAUNHOFER, S. 19.
[3] Erinnerungen des Dr. JOHANN NEPOMUK VON RINGSEIS. Bd. II, S. 183. Regensburg: Habbel 1886.

während FRAUNHOFER selbst den Anfang seiner Tuberkulose, denn das war sein Lungenleiden, etwa auf Oktober 1825 setzt; er schreibt am 26. Januar 1826 an den Astronomen SCHUMACHER in Altona:

„Seit 4 Monaten bin ich, einer Brustkrankheit wegen, in den Händen der Ärzte. Obschon meine Krankheit ohne Gefahr sein soll, so muß ich doch aus dem bisherigen Gange derselben schliessen, dass ich sie vor dem Eintritt der besseren Jahreszeit nicht los werde, oder dass vielleicht dann erst die eigentliche Kur anfängt. Zwei Ärzte wollen, dass ich den Winter im südlichen Italien zubringe. Allein, da ich Niemand habe, der mein Geschäft einiger massen fortführen könnte und dadurch so grosser Schaden entstünde, dass ich ihm erst nach mehreren Jahren repariert haben könnte, so konnte ich mich zu dieser kostspieligen Reise nicht entschliessen; sie wäre in der rauhen Zeit auch nicht ohne Gefahr gewesen, da mir z. B. schon das korrigieren eines Fernrohres an einem offenen Fenster neuerdings ein Fieber zuzog. Ich muss nun die Zeit im Bett zubringen und von hier aus meine Arbeiter beschäftigen was um so schwerer ist, da ich mich auch des Sprechens soviel wie möglich enthalten muss."

Es galt als auslösende Ursache für das innerhalb 9 Monaten zum Tode führende Leiden FRAUNHOFERS: schwächliche Körperbildung und eine durch die in der Jugend sich schon durch Drüseneiterungen äußernde Neigung zu Lungenerkrankung, vor allem aber beschuldigte man die Arbeit an den Glasöfen. Merkwürdigerweise erhielt sich eine Überlieferung bis zu den letzten MERZischen optischen Schleifern, daß die genannten Ursachen durchaus nicht an der Erkrankung schuld gewesen wären, sondern eine intensive Erkältung gelegentlich einer Floßfahrt von Tölz nach München die Veranlassung zur Erkrankung gewesen sei. Um zu einer Vorlesung noch rechtzeitig einzutreffen, da er von einer Besteigung der Benediktenwand (Berg bei Benediktbeuern, 1801 m) verspätet herabgekommen, habe FRAUNHOFER in großer Eile und erhitzt sich auf ein Floß begeben und auf dem kalten Flusse sich heftig erkältet. Tatsächlich findet sich nicht allzu selten, daß eine latente Tuberkulose nach einer schweren Erkältung plötzlich aufflammt und sich voll entwickelt. Für die erzählte Überlieferung haben wir aber noch einen sicheren Gewährsmann, dessen Angaben den Beginn der Erkrankung nach der Floßfahrt bestätigen. Es mag hier der Bericht des Lehrers ROCKINGER, früher in Benediktbeuern, folgen; er enthält noch andere Mitteilungen über FRAUNHOFER, auf welche bereits hingewiesen wurde, die aber erst jetzt nachfolgen, denn der Eindruck dieser Aufzeichnungen verlöre an Innerlichkeit, wenn sie auseinander gerissen und nicht im Zusammenhang gebracht würden[1]).

Aufzeichnungen des Lehrers Aloys Rockinger in Benediktbeuern.

53 Jahre und 6 Wochen sind bereits verflossen, daß ich Herrn VON FRAUNHOFER kennen lernte, und nach dieser langen Zeit schwimmen die Erinnerungen an ihn in meinem Gedächtniße wie Fische im trüben Wasser, daher ich auch leider dem von Euer Hochwohlgeboren mir gegenüber ausgesprochenen Wunsche höchst nothdürftig, wenigstens nicht so, wie ich gern möchte, genügen kann.

Noch war ich kein volles Monat in Benediktbeuern, übte Herr v. FRAUNHOFER an mir schon einen Akt ächt christlicher Liebe und legte dadurch sein gutes Herz offen an den Tag.

Von meinen ersten Kindestagen an schon kurzsichtig, fand ich mich schon in meinem 16. Lebensjahre veranlaßt, mir eine Brille anzuschaffen, die ich von einem Italiener erhandelte. Vorher immer wie im Nebel wandelnd, wurde ich durch den Gebrauch dieser Gläser gleichsam in eine neue Welt versetzt; die Dunkelheit meiner Augen verwandelte sich in helles Licht. Ich erachtete das als eine der größten Wohlthaten, von der ich mich nicht mehr trennen konnte, daher die Brille, so lange meine Augen offen sein mußten, von denselben nicht mehr genommen wurde; und so trug ich diese Gläse 14 Jahre lang. Herr v. FRAUNHOFER ließ sich gelegenheitlich einer bei den Kindern des damaligen Tabakfabrike-Inspektors Herrn Möss von mir gehaltenen Unterrichtsstunde die erwähnten Gläser zeigen und erklärte mir, daß diese für meine Augen viel zu scharf seien, und ich mich bei fortgesetztem Gebrauche derselben der Gefahr preis geben würde, in Kürze zu erblinden. Die Brille nahm er zu sich und gab sie mir nicht mehr zurück, wohl aber dafür solche, die meinen Augen anpaßten. Von dieser Stunde an erkannte ich Hr. VON FRAUNHOFER als einen meiner größten Wohlthäter, dem ich mich stets mit ehrfurchtsvoller Hochachtung nahte, und dem ich bis zur Stunde u. bis zum letzten Athemzuge meinen tiefgefühltesten Dank nachtrage.

Zu FRAUENHOFERS Zeiten, respektive während des Hierseins des optisch-mechanischen Institutes gab es hierorts noch nicht so viele Gelegenheiten und Lokalitäten wie jetzt, und an Ruhetagen einen Vergnügungsort zu finden. In dem Postgarten zu Benediktbeuern befand sich damals ein hübsches, ziemlich großartiges Sommerhaus, das während der angenehmen Monate den Gebildeten des Ortes zum Vergnügungsplatze diente. In diesem Sommerhause errichtete Herr v. FRAUNHOFER eine Camera obscura, die

[1]) Der Bericht des Lehrers ROCKINGER befindet sich im MERZischen Besitz.

den im benannten Sommerhause Weilenden viele Stunden des Vergnügens und der Unterhaltung verschaffte. Da aber Hr. v. FRAUNHOFER bei Transferirung des optischen Institutes von hier nach München von Benediktbeuern wegkam, und später in Erfahrung brachte, daß fragliche Camera obscura von Seite des Posthausbesitzers nicht mehr beachtet, wohl gar dem Ruine ausgesetzt wurde, ließ er sie wegnehmen. Durch diese Wegnahme erlitten die Gartenbesuchenden einen wesentlichen Verlust, der Gartenbesitzer aber eine gerechte Strafe für seinen an den Tag gelegten Undank.

Während der Sommermonate hielt sich Hr. v. FRAUNHOFER gern in dem wildromantisch gelegenen Joch am Kochelsee auf, wohin er sich oft in Begleitung der beiden Exkonventualen des vormaligen Klosters Benediktbeuern, des Doktor Pater ULRICH RIESCH u. Doktor Philosophie Pater MARIA WAGNER begab, und sich in ihrer Gesellschaft beim Genuße von Milch erfreute, denn nebstbei bemerkt, Bier konnte er nur äußerst wenig vertragen, Lagerbier fast gar nicht; überhaupt gebot es seine schwächliche Natur, im Genuße der Speisen und Getränke und in der Auswahl derselben, möglichst vorsichtig zu sein.

So leutselig Hr. v. FRAUNHOFER im Umgange u. in gesellschaftlichen Zirkeln war, wobei er meistens nur einen stillen Zuhörer machte u. äußerst wenig sprach, dagegen aber um so mehr Beobachtungen anstellte, ebenso streng und männlich ernst war er aber im Geschäfte, in welchem er den geringsten Fehler streng beahndete, ja sogar in Zornesausbrüche gerieth. So beging z. B. SIMON SCHRIFLER, dem das Geschäft übertragen war, die zum Poliren bestimmten Gläser aufzukitten, einmal die Unvorsichtigkeit, ein Heliometer Objektivglas, das auf der einen Seite vollständig polirt war, mit zu heißer Kitte zu belegen und zu überwärmen, was zur Folge hatte, daß das kostbare Glas zersprang, was natürlich einen namhaften Schaden veranlaßte. Hierüber gerieth Hr. v. FRAUNHOFER in einen so gerechten Zorn, daß er mit den Füssen stampfte und den benannten Arbeiter mit augenblicklichem Davonjagen bedrohte. Da aber dieser zum Bitten seine Zuflucht nahm, wurde FRAUNHOFER wieder besänftiget und dem Flehenden der begangene Fehler verziehen und vergessen; denn Rachgierde stand nicht in FRAUNHOFERS Wörterbuch.

Aber Hr. v. FRAUNHOFER selbst hatte einmal mit einem vollständig polirten Heliometer Objektivglase das Unglück, daß es bei der mit demselben vorgenommenen Manipulation zerbrach, so mit unbrauchbar wurde; denn nachdem er an diesem Glase mit dem Diamant den nothwendigen Schnitt gemacht hatte, wollte er es mittelst eines hölzernen Hammers vollends spalten, machte aber, wahrscheinlich bei gebrochener Geduld, einen zu starken Schlag, das Glas splitterte, und wurde sonach zu dem beabsichteten Zweck untauglich, worüber er aber mehr erboßte, als er es gewesen sein würde, wenn einem Andern dieser Unfall begegnet wäre. Tüchtige und fleißige Arbeiter wußte Hr. v. FRAUNHOFER zu schätzen und nach Verdienst zu würdigen. Wenn er einem seiner Arbeiter mit Rath und That zur Seite stehen konnte und dieser sich bittend an ihn wendete, ging ein solcher gewiß nicht unbefriedigt von der Stelle.

Der nachmalige Werkführer bei dem politechnischen Institute zu Wien, CHR. STARK[1]), der von Hr. v. FRAUNHOFER Unterricht in der Algebra erhielt, verdankte seine errungene Stelle Hr. v. FRAUNHOFER.

Im Jahre 1817 wurde, wenn ich nicht irre, über Strahlenbrechung eine Frage aufgeworfen, deren Lösung sich Hr. v. FRAUNHOFER mit dem rühmlichsten Fleiße unterzog. Für die beste Beantwortung dieser Frage wurde ein Preis bestimmt. Die Beantwortung der Frage mußte mit lateinischen Letern geschrieben werden und mir wurde die Ehre zu theil, die Reinschrift machen zu dürfen. Mehrere Berechnungen dienten als erläuternde Beilagen. Da die Zeit der Absendung dieser schwierigen Arbeit drängte, wurde in der Eile und aus Versehen der Namen des Verfassers unverschlossen beigelegt, und dieses war die Ursache, daß derselbe den wohlverdienten Preis nicht erhalten konnte, sondern sich mit dem in Dinglers Journale[2]) hierüber ausgesprochenen Lobe zufrieden stellen mußte. Keiner seiner Mitkonkurrenten konnte sich durch Bearbeitung der Frage eines Lobes, geschweige eines Preises erfreuen.

Sobald das optische Institut nach München verlegt worden war, kam Hr. v. FRAUNHOFER nur mehr anher, wenn er eine Schmelze vornahm, und blieb nur so lange hier, bis diese vollendet war. Bei jeder solchen Schmelze wurden immer mehrere Probetöpfe in den Ofen gestellt, denn sein rastloser Geist begnügte sich nie mit dem, was er bereits an den Tag gefördert hatte, sondern wollte immer mehr vorwärts schreiten.

Wenn ihm so manche Schmelze nicht gelang, so trug hieran die größte Schuld sein Vorarbeiter JUNGWIRTH, dem er viel zu viel Vertrauen schenkte, der die Güte sein Herrn mißbrauchte, mehr die Bequemlichkeit als die Arbeit liebte u. wie eine giftige Natter an dem Busen seines Herrn lag und nebstbei keine andere Absicht hatte, als sich in die Geheimnisse der Flintglasbereitung einzuweihen und im vollen Besitze derselben in sein Vaterland Österreich auszuwandern, um es dort wie ein Judas zu verkaufen, in der Absicht, auf solche Weise so viel zu erringen, um seine Existenz begründen zu können. Bei JUNGWIRTH traf das Sprüchwort ein: „Der Mensch denkts, und Gott lenkts". Bevor er sein Vorhaben ausführen konnte, rief ihn Gott von dieser Welt ab. JUNGWIRTH starb kurze Zeit nach FRAUNHOFER. Nach seinem eingetretenen Tod wurde augenblicklich Hr. VON UTZSCHNEIDER hievon durch eigenen Boten in Kenntniß gesetzt u. ich erhielt zurück den Auftrag, bei dem damaligen Hr. Landrichter SCHWAIGER zu erwirken, daß das Kistchen, in welchem voraussichtlich von Hr. v. FRAUNHOFER gegebene Vorschriften befindlich sein möchten, durch mich geöffnet werden dürfe, was in Gegenwart des damaligen Gemeinde-Vorstehers auch geschah. Die vorgefundenen Papiere wurden Hr. v. UTZSCHNEIDER übersendet, u. das

---

[1]) [H. R. STARK; „Chr." ist irrig.]

[2]) [Dem Herausgeber ist es mit Hilfe der anscheinend recht sorgfältig gearbeiteten jährlichen Sach- und Namensverzeichnisse bei Dingler nicht gelungen, dieses Lob aufzufinden, obwohl er dort bis zum Jahre 1826 alle Stellen aufgeschlagen hat, für die FRAUNHOFER aufgeführt wurde. Vielleicht ist jemand anders glücklicher. Anm. d. Herausgeb.]

Taler geprägt auf Veranlassung König Ludwigs I.
zum Gedächtnis des Todes
von Reichenbach und Fraunhofer
In etwa $^{9}/_{7}$ der natürlichen Größe

in dem Kästchen liegende Gold- u. Silbergeld der Wittwe des Verstorbenen eingehändiget. Es ist mir unangenehm, daß ich von den Briefen, die mir von den Herren FRAUNHOFER u. UTZSCHNEIDER bei verschiedenen Veranlassungen geschrieben wurden, nicht Einen mehr vorfinden kann; sie sind bei meinem Umzuge verloren gegangen.

Um zu beweisen, daß dem mehr benannten JUNGWIRTH an Erfüllung seiner Pflicht wenig gelegen war, nur Ein Beispiel: Hr. v. FRAUNHOFER war in Benediktbeuern, um eine Glasschmelze zu machen. Alles war dabei schon so weit gediehen, daß zum Gelingen derselben die größte Hoffnung vorlag. Nachdem Hr. v. FRAUNHOFER vorerst noch seinem Vorarbeiter die allenfalls nöthige Anleitung gegeben hatte, begab er sich mit seinem intimen Freunde, dem damaligen Fohlenhofs Verwalter PFLIEGER zu einer musikalischen Unterhaltung, die in der Klosterschenke stattfand, in der guten Meinung, daß seine Aufträge pünktlich erfüllt werden würden. Aber was geschah? JUNGWIRTH und sein Mitarbeiter verfielen in einen tiefen Schlaf, und als Hr. v. FRAUNHOFER von der Schenke, wo er ein wenig länger verweilte, als er es vorerst wollte, in die Glashütte kam, fand er die beiden Arbeiter schlafend, das Feuer mehr als halb erloschen, u. die Schmelze war verloren.

Allerdings mag der Einsturz des Hauses in München, wobei Hr. v. FRAUNHOFER, so zu sagen, lebendig begraben wurde, einen Eindruck körperlicher Schwäche in ihm zurück gelassen haben; die eigentliche Ursache seines frühen Todes war aber folgende Thatsache:

Hr. v. FRAUNHOFER faßte den Entschluß, nach Vollendung einer im Spätsommer 1825 vorgenommenen Glasschmelze mittels eines Floßes auf der Isar seine Rückreise nach München zu machen. Zu diesem Behufe wurde ein Floß bestellt, der in Vorderrieß die Ankunft des Reisenden abzuwarten hatte. Herr VON FRAUNHOFER bestieg in Begleitung des Exkonventualen Pater ULRICH RIESCH die Benediktenwand, wo sie einige Zeit verweilten, und gingen sodann in die Jachenau, von wo, ohne vorerst auszuruhen, FRAUNHOFER seinen Gang zur Isar über die Berge fortsetzte u. im Schweiße gebadet, am sogenannten Ochsensitze ankam. Statt hier sich ein wenig abzukühlen, verfügte sich FRAUNHOFER im erhitzten Zustande auf den Floß. Überdieß trat ein windig regnerisches Wetter ein. Es währte nicht lange, wurde der Reisende von einem Schüttelfroste befallen; er kam kränkelnd in München an, und von da nie wieder nach Benediktbeuern.

Nach Ausbruch des Lungenleidens nahm dieses seinen ungehemmten Verlauf, stand man doch dieser Krankheit damals hilflos gegenüber und das, was wirklich einen Aufschub oder zeitweise Erholung hätte bringen können — ein Aufenthalt im Süden — man wählte die an der Südküste Frankreichs am mittelländischen Meere in der Nähe von Toulon gelegenen Hyèrischen Inseln — kam trotz manchen darauf hinzielenden Vorbereitungen nicht zustande; mit der den Lungenleidenden eigenen Hoffnungsfreudigkeit versprach er sich davon noch bis zu seinem Ende Genesung; es ist jetzt nach 100 Jahren nicht mehr erfindlich, warum man nicht alles daran setzte, dem einzigen Manne diese Erholungsreise zu ermöglichen, um so mehr als — was sich auch durch mündliche Überlieferung erhielt — die Akademie der Wissenschaften die behandelnden Ärzte bat, alles zu tun und daranzusetzen, den unersetzlichen Mann am Leben zu erhalten.

Doppelt traurig ist es — wie wir schon erfuhren —, daß die Gefahr der Geschäftsverluste das ausschlaggebende Moment war; wir verstehen, rückwärtsschauend, den weitsichtigen UTZSCHNEIDER nicht, daß er nicht helfend eingriff.

Wie schon angedeutet, muß FRAUNHOFER in München in allen Kreisen der Bevölkerung eine bekannte Persönlichkeit gewesen sein, an dessen Krankheit jedermann — bis hinauf zum König — innigen Anteil nahm. Der folgende im Wortlaut mitgeteilte Akt zeigt, daß König Ludwig I, nach dem Tode Königs Max I auf den Thron (12. Dezember 1825) gekommen, mit seinem ungewöhnlichen Interesse für Wissenschaft und Kunst, gesonnen war, das optische Werk in seinen bzw. staatlichen Besitz zu bringen, offenbar, um es Bayern zu erhalten und in solche Hände zu legen, welche FRAUNHOFER ersetzen konnten; auffallenderweise fanden die Verhandlungen nur mit FRAUNHOFER allein statt, der auch gleich einen geeigneten Nachfolger vorschlug. Das betreffende Aktenstück wird hier ausführlich gebracht:

Abschrift.

Auf eine von d. k. Minist. Rat H. v. WIRSCHINGER dem Unterzeichneten mündlich gemachte Eröffnung, daß Se. Majestät der König die Absicht hegen, das bisher unter d. Firma von UTZSCHNEIDER u. FRAUNHOFER bestehende optische Institut frei zu stellen, so glaubt derselbe für sich als Miteigentümer folgende Punkte einer über diesen Gegenstand vorzunehmenden Unterhandlung zu Grunde legen zu können.

1mo FRAUNHOFER erklärt hiemit, daß er nach dem Wunsche S. M. des Königs bereit seye, das bisher mit dem k. geh. Rathe H. v. UTZSCHNEIDER gemeinschaftlich besessene mechanisch optische Institut Sr. Maj. d. König zu überlassen und alsdann auch die Leitung desselben mit dem nämlichen Eifer und der Liebe für das Geschäft ebenso viel wie bisher fortzuführen.

2do FRAUNHOFER verbindet sich nach wiederhergestellter Gesundheit, einem in der Folge zu bestimmenden Individuum die Geheimnisse des Flint- u. Crownglas-Schmelzens sowohl nach den gemachten eigenen Aufschreibungen als den hierzu notwendigen Manipulations-Erfordernissen in ganzer Vollkommenheit mitzuteilen, ebenso macht er sich anheischig, demselben Individuum noch andere Geschäfts-Geheimnisse, welche für die praktische Ausführung sehr vorteilhafte Aufklärungen geben, schriftlich und mündlich zu eröffnen.

3tio FRAUNHOFER überläßt seinen bei dem Institut dermal anliegenden Kapitalfond von ungefähr 13/m Gulden an Werkzeugen, Instrumenten und Utensilien an Se. M. den König von Bayern und wünscht gegen die in diesen dreien Paragraphen geleisteten Zusagen folgende Erwiederungen und Einrichtungen:

4to Wenn H. geh. Rat v. UTZSCHNEIDER sich ebenfalls zu der Überlassung seines Anteils an dem Institut bereitwillig erklärt, so zweifelt FRAUNHOFER nicht, daß derselbe sowohl für die zur Gründung u. Emporbringung dieses Instituts als überhaupt für seine dem Vaterlande gebrachten Opfer eine angemessene Entschädigung erhalten werde, wobei letzterer den Wunsch hegt, daß nach einem allfallsigen früheren Absterben des H. geh. Rat seiner hinterlassenen Witwe der gehörige Lebens Unter Halt gesichert bleibe.

5to FRAUNHOFER sieht für sich von dem Tage der Unterzeichnung der Übereinkunft einem gleichen Gehalte entgegen, wie er denselben aus dem Institut bezogen hat, nämlich 1800 fl. jährlich, welche Summe ersterer nun als ständiger Gehalt angesehen und niemals aus irgend einer Veranlassung oder Rücksicht vermindert werden kann.

6to Für den in § 3 überlassenen Fonds-Anteil wünscht FRAUNHOFER für sich und seine Familie eine besondere lebenslängliche Rente in der Art zu erhalten, daß ihm selbst, so lange er lebt, 800 fl. jährlich u. nach seinem Tode den beiden Töchtern seiner Schwestern, von welchen nur eine mehr am Leben ist, zusammen 500 fl. oder einer jeden 250 fl. lebenslänglich jährlich ausbezahlt werden.

7mo Dagegen verzichtet FRAUNHOFER für sich noch besonders auf jeden ferneren Anteil an dem Gewinnste, welcher durch dieses Etablissement in der Folge hervorgehen wird.

8vo Wenn es in den Wünschen s. M. des Königs liegen sollte, das Institut unter der bisherigen Firma v. UTZSCHNEIDER und FRAUNHOFER fortführen zu lassen, so glaubt letzterer hierüber keine Bemerkungen äußern zu dürfen.

9no An dem Tage der Unterzeichnung d. Übereinkunft werden die dem Institut gehörigen u. dasselbe betreffenden Briefe, Rechnungsbücher und das Kopierbuch ausgeantwortet.

10mo Ein eigenes Individuum soll in der Folge zur Führung der Rechnungen und der Kasse bestimmt werden.

11mo Da bis zur Vollendung der bestellten Instrumente immer bedeutende Auslagen im Voraus gemacht werden müssen, so darf das Institut über die zu solchem Zwecke unentbehrlichen Fonds niemals in Verlegenheit kommen, was besonders der Fall sein wird, bis der Unterzeichnete sich wieder ganz den Geschäften widmen kann.

12mo Da der Unterzeichnete an FRIEDRICH AUGUST PAULI aus Zweibrücken sowohl bei seinen gehaltenen öffentlichen Vorlesungen als während 6 Monaten, die derselbe in dem Institut praktisch und unter persönlicher Leitung zubrachte, nicht nur die ihm eigenen erforderlichen theoretischen Vorkenntnisse höherer Art, sondern auch eine große Vorliebe für das Geschäft, mit sehr großen Talenten verbunden, wahrgenommen hat, so nimmt er keinen Anstand, diesen PAULI, Sr. k. Majestät als Instituts-Inspektor mit dem Wunsche vorzuschlagen, daß derselbe bis zu seiner weiteren Ausbildung und Vervollkommnung, die sich Unterzeichneter mit größtem Vergnügen wird angelegen sein lassen, ein jährlicher Gehalt von 700 fl. allergnädigst möchte angewiesen werden[1]).

Diejenigen Arbeiten des Instituts, welche während des Reiseurlaubs beschäftigt und wegen einer künftigen zweckmäßigen Fortsetzung des Geschäftes unumgänglich beibehalten werden sollen, behält sich der Unterzeichnete vor, sie noch eigends zu benennen.

Sollte über einen oder den anderen Punkt noch eine nähere Unterhandlung oder Auseinandersetzung notwendig befunden werden, so wird der k. Münzdirektor H. v. LEPRIEUR hiedurch ersucht und bevollmächtigt, alles Erforderliche nach den demselben von dem Unterzeichneten eröffneten Gesinnungen und Wünschen zu verhandeln und in dessen Namen zu unterzeichnen.

So geschehen München den 24. April im Jahre Eintausend Achthundert sechs und zwanzig.

L. S. JOSEPH FRAUNHOFER.

Aus den Akten geht nicht hervor, weshalb dieser Plan, der dem ganzen Wirken der Anstalt eine andere Richtung hätte geben können, sich zerschlug, ebensowenig wie sich Andeutungen finden, weshalb nicht der von FRAUNHOFER vorgeschlagene Oberbaurat PAULI auch von UTZSCHNEIDER angenommen ward. Die Absage der beabsichtigten Abmachung — es wurde noch nach FRAUNHOFERS Tode mit UTZSCHNEIDER verhandelt — ist vom 1. Dezember 1826, unterdes aber hatte UTZSCHNEIDER schon GEORG MERZ — nachdem dieser seit 1808 unter FRAUNHOFER gearbeitet und in den ganzen Betrieb eingeweiht war, und sechs ihm von UTZSCHNEIDER gestellte Fragen über allgemein optische Dinge und Objektivanfertigung zu dessen Zufriedenheit beantwortet hatte — am

[1]) [PAULI war Oberbaudirektor. (VOIT, Über die Glasbereitung in Bayern. Bayr. Industrie- u. Gew.-Bl. Bd. 69. 1883.) VOIT bekam noch mündlich von PAULI seine Aufschlüsse.]

16. Juli 1826 als Leiter des optischen Teiles ins Geschäft genommen, anstatt des ihm unbekannten und von FRAUNHOFER selbst empfohlenen PAULI.

Aus einem weiteren in Privatbesitz befindlichen Akt, dessen Inhalt sich nicht zur Veröffentlichung eignet, geht unzweifelhaft hervor, daß FRAUNHOFER sich mit Georg Merz nicht gut stand.

Eine ganz schlimme Folge hatten schon für UTZSCHNEIDER die von verschiedenen Seiten ausgestreuten Gerüchte, daß mit FRAUNHOFER der Geist des Werkes mit zu Grabe ging; von befreundeter Seite (Dr. DINGLER) darauf aufmerksam gemacht, sieht er sich am 18. August 1826 sofort nach Empfang der Nachricht veranlaßt, in der Augsburger allgemeinen Zeitung eine Einsendung folgenden Inhalts zu bringen:

In dem 1. August-Hefte l. J. (1826) fol. 281[1]) des polyt. Journ. von Dr. DINGLERS steht eine Anzeige über GAMBEYS Verbesserung des Heliostates mit dem Wunsche, daß deutsche Mechaniker nach der im Bull. de la Soc. d'encouragement des arts gegebenen Beschreibung dieses Instrument auf deutschen Boden verpflanzen möchten. Dieses Instrument ist bereits schon vor mehreren Jahren im optischen Institut UTZSCHNEIDER und FRAUNHOFER in München ausgeführt; FRAUNHOFER hat es bey seinen merkwürdigen Versuchen über das Licht angewendet. Wir haben demnach dieses Instrument nicht erst vom Auslande zu hollen und nachzuahmen. FRAUNHOFERS Name bürgt wohl hinlänglich für eine zweckmäßige Construction desselben. Es sind auch bereits einige Heliostate nach FRAUNHOFERS Idee bestellt worden. Ein gleiches verhält sich auch mit dem Heliotropen, wovon der berühmte Hofrath u. Professor GAUSS in Göttingen die erste Idee angab, welche dann von FRAUNHOFER mit einigen Änderungen construiert worden.

Wenn einige des Glaubens sind, daß mit FRAUNHOFER der Geist des optischen Institutes mit zu Grabe ging, so irren sie sich, FRAUNHOFERS Geist ist noch im Leben u. in voller Thätigkeit. Wenn gleich der Geheime Rath VON UTZSCHNEIDER schon 63 Jahr alt ist: so ist derselbe doch noch in jugendlicher Kraft, und wird — eingeweyht in das Geheimniß über die Flint- u. Crown-Glas-Erzeugung — bey seinem allgemein anerkannten Patriotismus, und bey seiner Vorliebe für Kunst und Wissenschaft nicht unterlassen, diese Kunst der Flint u. Crown glas-Erzeugung auf einen jungen Bayer überzutragen, so, daß dieselbe niemals mehr verlohren gehen kann.

(Entwurf von UTZSCHNEIDERS *eigener Hand.*)

---

1) [Urkunde des Deutschen Museums Nr. 7437.]

Merkwürdigerweise fand UTZSCHNEIDER es für geeignet, dem schönen Nachruf, welchen er seinem Freunde und Schützling widmete, noch das Preisverzeichnis vom Jahre 1820 beizufügen. Als Abschluß für FRAUNHOFERS Lebenswerk gebührt auch dem letzten Verzeichnis eine Stelle.

Verzeichniß der optischen Instrumente, welche in dem optischen Institute UTZSCHNEIDER et FRAUNHOFER, ehemals in Benedictbeurn, jetzt in München für nachstehende Preise verfertigt werden[1]).

Alle in diesem Preis-Courant angesetzte Dimensionen sind im zwölftheiligen Pariser Maße, und die Preise, franco München, ohne Emballage, in Gulden und Kreuzern im 24 fl. Fuße, zu verstehen.

	fl.	kr.
1. Heliometer mit messingener Säule und drei Füßen, parallactisch montirt, mit zwei Libellen, Stunden- und Declinations-Kreis von 4,6 Zollen im Durchmesser, beide mit silbernem Limbus, durch die Verniers von Minute zu Minute getheilt. Das Fernrohr hat ein achromatisches Objectiv von 42 Zoll Brennweite und 34 Linien Oeffnung, vier astronomische Oculare von 41, 52, 81 und 131maliger Vergrößerung, und zwei Sonnengläser. Dieser Heliometer ist in allen Stücken sehr wesentlich von allen bisherigen verschieden, er repetirt die damit gemessenen Durchmesser der Sonne und Planeten, Distanzen, Ascensions- und Declinations-Unterschiede, ist in jeder Lage vollkommen balancirt, und gibt vermittels der Micrometer-Schraube eine halbe Secunde ohne Repetition an	1850	—
2. Cometensucher mit hölzernem Rohre, messingener Säule und drei Füßen, parallactisch montirt, mit Stunden- und Declinations-Kreis von 3,6 Zollen im Durchmesser, beide von fünf zu fünf Minuten unmittelbar getheilt. Das Fernrohr hat ein achromatisches Objectiv von 24 Zoll Brennweite, 34 Linien Oeffnung, und zwei astronomische Oculare von 10 und 15-maliger Vergrößerung. Das Feld hat 6 Grade	490	—
3. Cometensucher mit hölzernem Rohre, ohne Stativ. Das Fernrohr hat ein achromatisches Objectiv von 24 Zoll Brennweite, 34 Linien Oeffnung, und ein astronomisches Ocular von 10maliger Vergrößerung. Das Feld hat 6 Grade	88	—
Auf Verlangen wird hierzu auch noch eine 15malige Vergrößerung geliefert	11	—
4. Großer achromatischer Refractor von 9 Fuß 2 Zoll Brennweite und 6 Zoll 6 Linien Oeffnung, parallactisch montirt, mit eingetheiltem Stunden-Kreis und Declinations-		

1) Hier abgedruckt nach Astr. Nachr. 1829. 7. Nr. 159. Sp. 307—12 (Mai 1829).

Quadranten. Das Rohr hat einen astronomischen Sucher, alle nöthigen feinen und groben Bewegungen, ist in jeder Lage balancirt, folgt durch eine Uhr mit einem Centrifugal-Pendel der Bewegung der Sterne, und hat 6 astronomische Oculare von 62, 93, 140, 210, 320 und 470maliger Vergrößerung, nebst einem repetirenden Lampen-Micrometer mit drei besondern Ocularen etc. — fl. kr.

Außer diesen neunfüßigen Refractoren sind noch einige von 14 Fuß Brennweite und 8,5 Pariser Zoll Oeffnung in Arbeit. Bei Bestellungen solcher größerer Instrumente wird man sich über den Preis vereinigen.

5. Tubus mit Pyramidal-Stativ, unmittelbar am Boden stehend, Füße und Rohr von Mahagony-Holz, mit Horizontal-Kreis und Höhen-Gradbogen durch die Verniers von Minute zu Minute getheilt, mit feiner Bewegung. Das achromatische Objectiv hat 72 Zoll Brennweite und 52 Linien Oeffnung, zwei irdische Oculare von 82 und 120, fünf astronomische von 64, 96, 144, 216 und 324maliger Vergrößerung, einen Kreis-Micrometer, zwei Sonnengläser und achromatischen Sucher . . . 1500 —

6. Tubus mit Pyramidal-Stativ, unmittelbar am Boden stehend, Füße und Rohr von Mahagony-Holz, zwey gezähnten schiefen Stangen zur sanften Bewegung des Rohres. Das achromatische Objectiv hat 72 Zoll Brennweite und 52 Linien Oeffnung, zwei irdische Oculare von 82 und 120, fünf astronomische von 64, 96, 144, 216 und 324maliger Vergrößerung, einen Kreis-Micrometer, zwei Sonnengläser und achromatischen Sucher . . . 1280 —

7. Tubus mit Pyramidal-Stativ, unmittelbar am Boden stehend, Füße und Rohr von Mahagony-Holz, zwey gezähnten schiefen Stangen zur sanften Bewegung des Rohres. Das achromatische Objectiv hat 60 Zoll Brennweite und 48 Linien Oeffnung, ein irdisches Ocular von 66, fünf astronomische von 54, 80, 120, 180 und 270maliger Vergrößerung, einen Kreis-Micrometer, achromatischen Sucher und zwei Sonnengläser . . . . . . 1040 —

8. Tubus mit Pyramidal-Stativ, unmittelbar am Boden stehend, Füße und Rohr von Mahagony-Holz, zwei gezähnten schiefen Stangen zur sanften Bewegung des Rohres. Das achromatische Objectiv hat 60 Zoll Brennweite und 43 Linien Oeffnung, ein irdisches Ocular von 66, fünf astronomische Oculare von 54, 80, 120, 180 und 270maliger Vergrößerung, einen Kreis-Micrometer, achromatischen Sucher und zwei Sonnengläser . . . 870 —

9. Tubus von 5 Fuß 4 Zoll Länge mit hölzerner Röhre, messingenem Stativ und feiner Vertical-Bewegung. Das Fernrohr hat ein achromatisches Objectiv von 54 Zoll Brennweite und 43 Linien Oeffnung; zwei irdische Oculare von 60 und 90, und fünf astronomische von 48, 72, 108, 162 und 243maliger Vergrößerung mit zwei Sonnengläsern. Der ganze Tubus in einem polirten Kasten . . . . 692 —

		fl.	kr.
10.	**Tubus** von 4 Fuß 10 Zoll Länge mit messingener Röhre und Stativ mit feiner Vertical-Bewegung. Das Fernrohr hat ein achromatisches Objectiv von 48 Zoll Brennweite und 37 Linien Oeffnung; zwei irdische Oculare von 57 und 80, und vier astronomische von 64, 96, 144 und 216maliger Vergrößerung mit einem Sonnenglas. Der ganze Tubus in einem polirten Kasten	422	–
11.	**Tubus** von 4 Fuß 4 Zoll Länge mit messingener Röhre und Stativ mit feiner Vertical-Bewegung. Das achromatische Objectiv des Fernrohrs hat 42 Zoll Brennweite und 34 Linien Oeffnung; zwei irdische Oculare von 50 und 70, und drei astronomische von 54, 84 und 126maliger Vergrößerung, nebst einem Sonnenglas und polirten Kasten	330	–
12.	**Tubus** von 3 Fuß 4 Zoll Länge mit messingener Röhre und Stativ mit feiner Vertical-Bewegung. Das Fernrohr hat ein achromatisches Objectiv von 30 Zoll Brennweite und 29 Linien Oeffnung, ein irdisches Ocular von 42, und zwei astronomische von 60 und 90maliger Vergrößerung, nebst einem Sonnenglas und polirten Kasten	220	–
13.	**Tubus** von 3 Fuß 4 Zoll Länge, mit Ausnahme der feinen Vertical-Bewegung, in allen Stücken dem vorhergehenden Nr. 12 gleich	190	–
14.	**Tubus** von 2 Fuß 6 Zoll Länge mit messingener Röhre und Stativ. Das Fernrohr hat ein achromatisches Objectiv von 20 Zoll Brennweite und 21 Linien Oeffnung ein irdisches Ocular von 28, und zwei astronomischen von 40 und 60maliger Vergrößerung, nebst einem Sonnenglas und polirtem Kasten	117	–
15.	**Fernrohr** von 4 Fuß 1 Zoll Länge mit hölzernem Rohre ohne Stativ. Das Fernrohr hat ein achromatisches Objectiv von 42 Zoll Brennweite und 32,5 Linien Oeffnung; eine Auszugsröhre mit einem irdischen Ocular von 55 und zwei astronomischen von 84 und 126maliger Vergrößerung, ein Sonnenglas und Kasten	160	–
16.	**Fernrohr** von 3 Fuß 1 Zoll Länge mit hölzernem Rohre ohne Stativ. Das Fernrohr hat ein achromatisches Objectiv von 30 Zoll Brennweite und 27 Linien Oeffnung; eine Auszugsröhre mit einem irdischen Ocular von 40, und zwei astronomischen von 60 und 90maliger Vergrößerung, ein Sonnenglas und Kasten	94	–
17.	**Seefernrohr** von 4 Fuß 1 Zoll Länge mit hölzernem Rohre. Das Fernrohr hat ein achromatisches Objectiv von 42 Zoll Brennweite und 29,5 Linien Oeffnung, mit einer irdischen Ocularröhre von 55maliger Vergrößerung, nebst Kasten . .	97	–
18.	**Seefernrohr** von 3 Fuß 1 Zoll Länge mit hölzernem Rohre, achromatischem Objective von 30 Zoll Brennweite und 25,5 Linien Oeffnung, einer irdischen Ocularröhre von 40maliger Vergrößerung und Kasten	68	–

		fl.	kr.
19.	Seefernrohr von 2 Fuß 3 Zoll Länge mit hölzernem Rohre, achromatischem Objective von 20 Zoll Brennweite, 19 Linien Oeffnung, einer irdischen Ocularröhre und Futteral	38	—
20.	Seefernrohr von 1 Fuß 10 Zoll Länge mit hölzernem Rohre, achromatischem Objective von 16 Zoll Brennweite, 15,5 Linien Oeffnung, einer irdischen Ocularröhre und Futteral	31	—
21.	Marinefernrohr von 2 Fuß 6 Zoll Länge mit hölzernem Rohre, achromatischem Objective von 16 Zoll Brennweite, 15,5 Linien Oeffnung und einer irdischen Ocularröhre . . .	54	—
22.	Marinefernrohr, wie das vorhergehende Nr. 21, mit verstellbarem Oculare, um die Vergrößerung zu verändern . .	57	—
23.	Zugfernrohr von 2 Fuß 2 Zoll Länge mit hölzernem Rohre und drei Auszugsröhren von Messing, einem achromatischen Objectiv von 20 Zoll Brennweite, 19 Linien Oeffnung und Futteral von Maroquin	45	—
24.	Zugfernrohr von 1 Fuß 10 Zoll Länge mit hölzernem Rohre und drei Auszugsröhren von Messing, einem achromatischen Objectiv von 16 Zoll Brennweite, 15,5 Linien Oeffnung, und Futteral von Maroquin	34	—
25.	Zugfernrohr von 1 Fuß 6 Zoll Länge mit hölzernem Rohre und drei Auszugsröhren von Messing, einem achromatischen Objectiv von 12 Zoll Brennweite, 13 Linien Oeffnung, und Futteral von Maroquin	26	—
26.	Großes zusammengesetztes Microscop mit vollständigem Apparat, um die Durchmesser der Gegenstände in irgend einem bestimmten Maaße auf 0,00001 Zolle genau messen zu können; mit Apparat zur Beleuchtung, sechs achromatischen Objectiven, einem doppelten und einem einfachen Ocular zu verschiedenem Gesichtsfeld und Vergrößerung. Die Vergrößerungen der Flächen sind bei dem einfachen Ocular 256, 441, 1024, 2809, 5476, 10000, und beim doppelten Ocular 576, 992, 2304, 6320, 12321, 22500. Das ganze Microscop ist in einem polirten Kasten	560	—
27.	Zusammengesetztes Microscop mit vollständigem Apparat, vier achromatischen Objectiven und zwei Ocularen, nebst Kästchen. Die Flächen der Gegenstände werden 400, 900, 2500, 5620 und 12100mal vergrößert	130	—
28.	Zusammengesetztes Microscop mit vollständigem Apparat, drei achromatischen Objectiven und einem Ocular, nebst Kästchen. Die Flächen der Gegenstände werden 400, 900 und 2500mal vergrößert	61	—
29.	Reise-Microscop mit zwei achromatischen Objectiven, Spiegel, Stielloupe, Schieber, Zängelchen etc. Alles in einer messingenen Hülse	52	—

	fl.	kr.
30. Zusammengesetzte Loupen von drei verschiedenen Vergrößerungen, in messingener Röhre gefaßt, ein Stück . . .	5	—
31. Einfache Loupe, in messingenen Ring gefaßt.	2	30
32. Einfache Loupe, in messingenes Röhrchen gefaßt . . .	1	30
33. Einfache Loupe, wie die vorhergehende Nr. 32, nur etwas kleiner	1	24
34. Camera lucida, mit Fassung zum Anschrauben am Tisch, mit vier Augengläsern für Kurz- und Weitsichtige	40	—
35. Camera lucida, wie die vorhergehende Nr. 34, mit zwei Augengläsern	33	—
36. Heliostat mit Uhrwerk, Stunden- und Declinations-Bogen etc.	450	—
37. Apparat zur Beobachtung der neuen physisch-optischen Experimente in Bezug auf die neuen Entdeckungen *Fraunhofer's* über Brechung, Farbenzerstreuung, Beugung des Lichtes, Hervorbringung der Farbenspectra etc..	350	—
38. Heliotrop zum Behuf geodätischer Messungen	450	—
39. Licht-Polarisirungs-Apparat	77	—
40. Repetirende Filar-Micrometer mit und ohne Lampen und Positionskreisen. Der Preis wird nach Verhältniß der Größe bestimmt.		
41. Kreis-Micrometer mit doppeltem Stahlringe	37	—
42. Kreis-Micrometer mit einfachem Stahlringe	23	—
43. Prismen von Crown- und Flintglas, einfache und zusammengesetzte, von verschiedener Größe, zu 6, 10,	20	—
44. Plan- und Parallel-Spiegel in runder Form.		
45. Oculare, irdische und astronomische, auch bloße Ocular-Linsen.		
46. Libellen. Diese drei unter No. 44, 45 und 46 bemerkten Gegenstände werden nur auf Bestellungen verfertigt und deren Preis nach Maßgabe ihrer Dimensionen bestimmt.		
47. Achromatische Objective. Zur Bequemlichkeit für Künstler, welche sich mit Verfertigung astronomischer Instrumente beschäftigen, hat sich das optische Institut entschlossen, einzelne Objective, blos in einem Ring gefaßt, zu verkaufen. Die Oeffnungen sind in Linien des zwölftheiligen Pariser Maaßes angegeben, und die Breite des Fassungsringes nicht mitgerechnet; der ganze Durchmesser der Objective wird also um einige Linien größer als der hier bezeichnete seyn.		
Oeffnung 12 Linien	13	—
— 14 —	15	—
— 16 —	18	—
— 18 —	21	—

			fl.	kr.
Oeffnung	21	Linien	28	—
—	24	—	44	—
—	27	—	63	—
—	30	—	87	—
—	33	—	116	—
—	36	—	150	—
—	39	—	191	—
—	42	—	238	—
—	45	—	293	—
—	48	—	356	—
—	51	—	427	—
—	54	—	506	—
—	57	—	595	—
—	60	—	694	—
—	63	—	804	—
—	66	—	924	—
—	72	—	1200	—

Außer obigen rein optischen Gegenständen liefert das optische Institut auch noch:

	fl.	kr.
Astronomische Pendeluhren nach einer neuen Construction im Echappement mit Compensationspendel und gestochenem Zifferblatt		
einen Monat lang gehend	350	—
acht Tage lang gehend	328	—
Pendeluhren mit gewöhnlichem Anker-Echappement, hölzerner Pendelstange und gestochenem Zifferblatt		
einen Monat lang gehend	132	—
acht Tage lang gehend	110	—
Reise-Pendeluhren mit Compensationspendel, Gewichten, gestochenem Zifferblatt und Kasten		
einen Monat lang gehend	297	—
acht Tage lang gehend	275	—
Secunden-Zähler mit hölzernem halben Secunden-Pendel, drei Stunden lang gehend	88	—
Tertien-Zähler mit kreisförmig schwingenden Pendel, drei Stunden lang gehend	88	—
Schritt-Zähler in Taschenuhr-Form	16	30

Auf Verlangen werden lithographische perspectivische Zeichnungen in Groß-Quart-Format von Nr. 1, 2, 4, 5, 26 und 34 gegen 40 kr. pr. Stück abgegeben.

München im December 1826.

Fortsetzung des Preiscourantes des optischen Institutes in München von UTZSCHNEIDER und FRAUNHOFER[1]).

26a. Großes zusammengesetztes Microscop mit vollständigem Apparat, um die Durchmesser der Gegenstände in irgend einem bestimmten Maaße auf 0,00001 Zolle genau messen zu können; mit Apparat zur Beleuchtung, sechs achromatischen Objectiven, einem doppelten und einem einfachen Ocular zu verschiedenem Gesichtsfeld und Vergrößerung. Die schwächste Linear-Vergrößerung ist 19 oder die der Flächen 361; die stärkste Linear-Vergrößerung aber 380 oder die der Flächen 144400mal. Das ganze Microscop ist in einem polirten Kasten 572 fl.

26b. Zusammengesetztes prismatisches Microscop mit vollständigem Apparat, fünf achromatischen Objectiven, drei verschiedenen Ocularen zum gewöhnlichen Gebrauch, und einem Oculare mit dem *Sömmering*schen Spiegel zum Zeichnen. Der Tubus kann mit und ohne Prisma, also in verticaler und horizontaler Richtung des Rohres angewendet werden. Die Stellung des Rohres geschieht vermittelst einer gröbern Bewegung, die feinere Stellung aber durch eine Micrometerschraube am Objectentisch. Mit dem schwächsten Ocular und Objectiv erhält man eine 12malige Linear- oder 144malige Flächen-Vergrößerung, mit dem stärksten Ocular und combinirten Objectiven aber eine 1000malige Linear- oder 1 000 000 malige Flächen-Vergrößerung. Das ganze Microscop ist in einem polirten Kasten . . . . 375 fl.

27. Zusammengesetztes Microscop mit vollständigem Apparat, vier achromatischen Objectiven und zwei Ocularen, nebst Kästchen. Die schwächste Linear-Vergrößerung ist 20 oder die der Flächen 400; die stärkste Linear-Vergrößerung aber 225, oder die der Flächen 50625mal 136 fl.

28. Zusammengesetztes Microscop mit vollständigem Apparat, drei achromatischen Objectiven und einem Ocular, nebst einem Kästchen. Die schwächste Linear-Vergrößerung ist 20 oder die der Flächen 400; die stärkste Linear-Vergrößerung aber 115 oder die der Flächen 13225mal 66 fl.

Bey obigen drey Microscopen Nr. 26a, 27 und 28, deren Linsen alle aplanatisch sind, können durch die verschiedenen Combinationen der Objective alle jene Vergrößerungen hervorgebracht werden, welche zwischen der angegebenen schwächsten und stärksten Vergrößerung inne liegen. — Auch können diese Vergrößerungen noch durch Zugabe eines schärferen Oculares, welches 11 fl. kostet, vermehrt werden.

29. Reise-Microscop mit zwei achromatischen Objectiven, Spiegel, Stielloupe, Schieber, Zängelchen etc. Alles in einer messingnen Hülse 52 fl.

---

[1]) [Nach Astr. Nachr. 1831. 8. Nr. 174. Sp. 111/2 (Febr. 1830).]

30. Zusammengesetzte Loupen in messingne Röhre gefaßt, von

Linear-Vergr.		5.	Flächen-Vergr.		25	jede 5 fl.
—	—	12.	—	—	144	
—	—	17.	—	—	289	

Am 7. Juni 1826, nach achtmonatigem Krankenlager, vormittags 3/4 11 Uhr, erlöste ein sanfter Tod den großen Mann im 39. Jahre von seinem Leiden; wenige Tage vorher war REICHENBACH, sein ehemaliger Genosse, ihm vorausgegangen, dessen Tod man ihm sorgfältig geheimgehalten hatte. Der einfache Eintrag des Sterberegisters Monat Juni der Pfarrei U. L. Fr. (Frauenkirche) lautet: JOSEF VON FRAUNHOFER, Professor und k. Akademiker, 39 J. a. st. h. 7ten Mittags 3/4 auf 11 an Lungen und Nervenschwindsucht; die Beerdigung fand am 10. Juni statt.

War schon die Teilnahme an der Krankheit des großen Gelehrten eine ungeteilt herzliche, so war auch die Trauer beim Hinscheiden des als Mensch und Mann der Wissenschaft und Technik gleich unerreichten FRAUNHOFER eine aufrichtigste, tiefgehende in allen Kreisen der Bevölkerung.

Außerdem, daß König Ludwig I. persönlich den Tod FRAUNHOFERS tief bedauerte, ließ er dessen Ableben unter entsprechender Würdigung seiner Verdienste im Amtsblatt bekannt machen und veranlaßte später noch die Prägung eines Gedenktalers auf FRAUNHOFER und REICHENBACH, sowie die Anbringung einer Tafel über der Türe von FRAUNHOFERS Zimmer im Kloster Benediktbeuern mit der Aufschrift: Hier arbeitete JOSEF VON FRAUNHOFER, Erfinder des wellenfreien Flintglases in den Jahren 1809—1819.

Der Magistrat Münchens stellte UTZSCHNEIDER die Wahl der Grabstätte auf dem Friedhof frei; er wählte sie neben der REICHENBACHS; die Mitglieder der Akademie, die Freunde und Verehrer des Verstorbenen, Männer aller Stände geleiteten den Mann zur Ruhestätte, dem ein kurzes Leben ausreichend war, seinem Vaterlande unvergänglichen Ruhm bringen, der der Wissenschaft mächtige Hilfsmittel an die Hand gab, die Forschung und Erkenntnis in ungeahnte Ferne zu tragen; ohne Feind war er durchs

Leben gegangen; bei seiner Beerdigung herrschte eine weihevolle Stille, die jedermann ergriff.

Das einfache Grabmal schmückt ein Abbild des Dorpater Refraktors, FRAUNHOFERS größten und berühmtesten Werks, welches ihm allein völlig zu vollenden vergönnt war; die beste Würdigung der Leistungen des einzigen Mannes, der in seiner Kunst und Wissenschaft ebenso hoch stand wie in seinem menschlichen Wesen, fand UTZSCHNEIDER in den zwei Worten, die als einzige Inschrift den Grabstein zieren: Approximavit sidera.

Man muß es beklagen, daß von dem persönlichen Leben und Tun FRAUNHOFERS uns nicht mehr erhalten ist und die umfangreichen Nachforschungen, die der Verfasser seit 3 Jahren anstellte, brachten leider wenig Neues zutage; es läßt das sich in etwas erklären, weil FRAUNHOFER unverheiratet war und ein ganz bescheidenes, anspruchsloses Leben führte, was damals jeder wußte und — als selbstverständlich — weder beachtet noch aufgezeichnet wurde.

Der Nachlaß bei seinem Tode kam zu Händen des Gerichts und stampfte man ihn in den 70er Jahren nach Vorschrift ein! Von einer privaten Seite wurde dem Verfasser mitgeteilt, daß FRAUNHOFER in den letzten Jahren zur Besorgung seines Hauswesens eine Haushälterin hatte, welche es auch noch verstand, nach seinem Tode manches für sich beiseite zu bringen; durch Akten ist dies nicht zu belegen. Tief bedauerlich aber ist, daß FRAUNHOFERS Totenmaske, welche lange Zeit von dem historischen Verein von Oberbayern aufbewahrt wurde, nunmehr endgültig verloren zu sein scheint; Nachforschungen — Verfasser scheute wirklich keine Mühe — kamen bis zu einem gewissen Punkte, daß sie an einen Künstler ausgeliehen wurde (?), aber dessen Erben wissen nichts davon und damit hörte jede weitere Spur auf.

Das vermutlich beste Bildnis dürfte die Büste auf dem Münchner südlichen Friedhof sein, die von SCHWANTHALER nach der Totenmaske angefertigt, FRAUNHOFERS Grab schmückt; lebenswahr erscheint der Stich von VOGL JUN. nach WALDHERR, welcher wenig bekannt wurde. Von den Gemälden verdient noch am ersten das

im Saal der k. b. Akademie der Wissenschaften befindliche (Malername nicht zu finden) das Vertrauen der Wahrheit.

Die meisten Lebensgeschichten FRAUNHOFERS fassen ihn von der Seite auf, wie hoch es ein Mann durch unablässigen Fleiß und Streben nach einem ganz bestimmten Ziel bringen könne und damit ein leuchtendes Beispiel für die heranwachsende Jugend sei. So wahr das auch ist, so übergeht diese Auffassung leider das Zusammentreffen zweier nötiger Erfordernisse: die Vereinigung des rein theoretischen Wissens mit dem vollendeten praktischen Sinn, wie er zum Fach der Mechanik unbedingt vorhanden sein muß, wozu aber dann eine Genialität — wie sie nur FRAUNHOFER zuteil wurde — gehörte.

Ein bisher wenig bekanntes Urteil des großen Astronomen J. FR. W. HERSCHEL in London soll noch hier wegen seines warmen Gefühles der Menschlichkeit uns erfreuen:

In the remarks I have thought it necessary to make on that part of Mr. FRAUNHOFER's memoir which refers to the action of reflecting telescopes, I should be very sorry to have expressed myself in any way capable of being construed in a controversial sense, or as intended to give [236] the slightest personal offense to its celebrated author, who, as an artist, must surely be ever regarded as a benefactor to Astronomy, while optical science is no less indebted to him as a philosopher, for his beautifully delicate experiments on the constitution of the Prismatic spectrum, which have given a degree of precision to optical determinations hitherto unheard of, and shewn the practicability of placing the construction of telescopes on purely scientific grounds, while they have unfolded phaenomena of the highest interest in a speculative point of view. Nor can I help feeling that I should ill requite his liberal and

Ich habe es für nötig gehalten, einige Bemerkungen zu dem Teile der Abhandlung Herrn FRAUNHOFERS zu machen, der sich mit der Wirkung von Spiegelfernrohren beschäftigt. Ich würde aber sehr bedauern, mich dabei in einer Weise ausgedrückt zu haben, daß man meine Worte irgendwie als entstanden aus Lust am Streiten oder gar als geeignet [236] ansehen könnte, den kleinsten persönlichen Anstoß dem berühmten Verfasser zu geben. Denn dieser muß schon als ausführender Künstler sicherlich für alle Zeiten als ein Wohltäter der Sternkunde angesehen werden, während die Lehre vom Licht ihm als einem Physiker für seine wunderbar feinen Versuche über den Aufbau des prismatischen Farbenbandes nicht weniger verpflichtet ist. Sie haben nämlich den optischen Messungen einen vorher unerhörten Grad von Schärfe gegeben, und damit sowohl die Möglichkeit, Fernrohre auf

friendly reception during a visit to Munich which I shall ever recollect with pleasure, and in which I had ample opportunity to admire both the resources of his genius and the simplicity of his manners, by a word calculated to give pain or excite unpleasant feelings,

„quod vitium procul abfore chartis
„Atque animo prius, ut si quid promittere de me
„Possum aliud, vere promitto."

J. FR. W. HERSCHEL[1]).

einem rein wissenschaftlichen Grunde anzulegen, dargetan, als auch Erscheinungen von dem höchsten Wert für den Entwurf eines Weltbildes enthüllt. Und von all dem abgesehen, kann ich mich des Gefühls nicht erwehren, daß ich übel für seine großartige und warme Aufnahme bei meinem Besuch in München danken würde; darauf aber werde ich stets mit Freude zurückblicken, da ich reichlich Gelegenheit hatte, ebensowohl die Gaben seines Geistes als auch die Bescheidenheit seines Wesens zu bewundern. [Und es wäre ungehörig,] wenn ich auch nur ein Wort schriebe, das ihm Schmerzen bereiten oder ihn unangenehm berühren könnte: „und dieser Tadel „soll meinem Schreiben und zuvor „meinem Geiste fernbleiben; wie ich „irgendein anderes Versprechen „geben kann, so verspreche ich das „heilig."

J. FR. W. HERSCHEL.

Wenn wir, nochmals zurückschauend auf FRAUNHOFERS Lebenswerk, unsere gegenwärtigen Leistungen im Gebiet der Optik mit den seinigen vergleichen, können wir unserer Bewunderung nicht besser Ausdruck verleihen, als es ERNST ABBE, auch einer der Größten im Gebiete der Optik, von ähnlich umfassender Genialität wie FRAUNHOFER, tat, wenn er bei der Feier des 100jährigen Geburtstags FRAUNHOFERS (6. März 1887) im Hörsaal des physikalischen Instituts in Jena sprach[2]):

„Die Wirksamkeit dieses Mannes ist in ihrer Beschränkung so durchaus eigenartig gewesen, und sie bietet, zusammengedrängt in den kurzen Zeitraum von kaum zwei Jahrzehnten, ein so wunderbares Bild der Entfaltung reichster Geistesgaben und seltenster Tatkraft dar, daß sie schon, für sich genommen, ohne

---

[1]) [Brief HERSCHELS vom 15. VIII. 1825 A. N. 7. Sept. 1825. Citat nach Prof. Zucker Horaz Sat. I. 4 Sat. v. 101—103.]

[2]) ERNST ABBE: Gesammelte Abhandlungen, Bd. II. Gedächtnisrede auf JOSEF FRAUNHOFER S. 319—338.

alle Beziehung auf ihre Erfolge, als ein kaum übertroffenes Beispiel und Vorbild menschlicher Tugend dauernder Erinnerung aufbewahrt zu werden verdient. Die praktische Optik vor ihm und die nach ihm haben, in ihren besten Leistungen verglichen, kaum mehr als den Namen und die äußerliche Form ihrer Verrichtungen gemein. Alles auf diesem Gebiet hat FRAUNHOFER erneuert.

Die Aufgabe — Vervollkommnung der Hilfsmittel, welche das tiefere Eindringen in die Geheimnisse der Natur unterstützen: Fernrohr und Mikroskop — hat er unbestritten mehr gefördert, als vor ihm und nach ihm ein einzelner vermochte.

So gewinnt also auch das stille Wirken dieses Mannes auf seinem begrenzten Arbeitsfeld die Beziehung zu den großen Interessen der Menschheit, welche ihm das Anrecht auf ein dankbares Andenken der Nachwelt sichert.

Der frühzeitige Tod FRAUNHOFERS war für die praktische wie für die wissenschaftliche Optik ein unersetzlicher Verlust. Weittragende Ideen, die er in den letzten Lebensjahren verfolgt hat, deren Verwirklichung die Optik noch um Jahrzehnte vorwärts gebracht haben würde, sind erweislich mit ihm zu Grabe gegangen. Die Arbeit zweier nachfolgender Generationen ist erforderlich gewesen, die Wege wieder aufzufinden, die er schon angebahnt hatte, um neue Aufgaben ihrer Lösung entgegenzuführen. Es betrifft dies ganz besonders das Problem des optischen Glases. Schon seine erste große Arbeit über das Sonnenspektrum enthält die Anzeichen dafür — wenn auch diese Anzeichen auch erst viel später ganz verstanden worden sind — daß er auch diese fundamentale Aufgabe der praktischen Optik unter ganz neuen Gesichtspunkten zu bearbeiten begonnen hat — daß er schon dazu fortgeschritten war, auch das Glas nicht mehr als etwas traditionell Gegebenes zu betrachten, sondern seine Erzeugung selbst unter den Anspruch einer planmäßigen Anpassung an die einzelnen Zwecke der Optik zu stellen — und daß er auch schon mehrere wertvolle Unterlagen für die praktische Lösung dieser Aufgabe gewonnen hatte."

ZEITTAFEL

1787, 6. III. FRAUNHOFERS Geburtstag.

1799, 22. VIII. Ankunft in München.

1801, 21. VII. Einsturz der Häuser im Thiereckgäßchen.

1804, 20. VIII. Gesellschaftsvertrag der Herren UTZSCHNEIDER, REICHENBACH und LIEBHERR zur Gründung eines mathematisch-mechanischen Instituts in München.

1805 FRAUNHOFER besucht die Feiertagsschule. Er wird Geselle, nachdem er sich von dem Rest seiner Lehrzeit losgekauft hatte.

1805 Der Glasschmelzer P. GUINAND beginnt seine Tätigkeit in Benediktbeuern, wo UTZSCHNEIDER eine Hohlglashütte und eine Schmelze für optisches Glas errichtet hatte.

1807 tritt FRAUNHOFER unter Optiker NIGGL in das UTZSCHNEIDERsche Unternehmen ein, dieser scheidet aus, und FRAUNHOFER übernimmt allein die Leitung des optischen Betriebes, der nach Benediktbeuern verlegt wird.
FRAUNHOFER 20 Jahre alt.

1807—1809 Erfindung der Hilfsmittel:
Poliermaschine,
Probeglas,
Pendelschleifmaschine,
Fühlhebel,
Sphärometer.

1809, 7. II. FRAUNHOFER tritt als Teilhaber ins Unternehmen, noch nicht 22 Jahre alt.
FRAUNHOFER wird GUINAND als Zuschauer zu den Schmelzen beigegeben.

1811 GUINAND wird unter FRAUNHOFER gestellt und leitet nunmehr mit ihm zusammen die Schmelzen.
Beginn der Mikroskopverfertigung.

1812 Beginn und Fertigstellung des Schliffes eines 7-Zöllers (= 19 cm) für Neapel.

1814, 17. II. scheidet REICHENBACH aus dem Unternehmen aus; dieses wird von UTZSCHNEIDER und FRAUNHOFER allein weitergeführt.

1812—14 Arbeiten FRAUNHOFERS über das Brechungs- und Zerstreuungsvermögen verschiedener Glasarten, die erst später (1817) von der Akademie veröffentlicht werden.

1814 GUINAND scheidet aus, und FRAUNHOFER übernimmt allein die Glasbereitung.

1816 Großes Mikroskop mit Schraubenmikrometer.
Verbesserung des Heliometers mechanisch und optisch durch Zerschneiden des Objektives.
1817 Arbeit über das Anlaufen des Glases.
1817 FRAUNHOFER korrespondierendes Mitglied der Kgl. Akademie der Wissenschaften.
1819, Herbst, wird der optische Betrieb von Benediktbeuern nach München verlegt, weil Benediktbeuern verkauft; die Glasschmelze und kleineren Nebenbetriebe (Schreinerei, Anfertigung der Behälter usw.) bleiben aber in Benediktbeuern.
Arbeit über die Beugung des Lichtes. (Neue Modifikation des Lichtes usw.).
1819 Professor in München.
1820 Neuer Vertrag UTZSCHNEIDERS mit FRAUNHOFER, wobei ersterer ihm ein Kapital von 10 000 fl. schenkte, welches aber im Geschäft zu bleiben hatte.
1821 Außerordentliches, dann ordentliches Mitglied der Akademie.
1823 Anstellung als Professor und Konservator mit Gehalt.
1824 Der Dorpater Refraktor fertiggestellt. Die Stadt verleiht FRAUNHOFER das Bürgerrecht, der König Max den Zivil-Verdienst-Orden, mit dem der persönliche Adel verbunden ist.
1825, Oktober, Beginn von FRAUNHOFERS Erkrankung.
1826, 7. VI. FRAUNHOFERS Tod.

UMRECHNUNG DES ALTEN FRANZÖSISCHEN MASZES IN METERMASZ

1	Fuß (= 12 Zoll)	=	0,3248 m
1	Zoll (= 12 Linien)	=	0,0270 „
10	Linien	=	22,6 mm
12	„ (= 1 Zoll)	=	27,0 „
14	„	=	31,6 „
16	„	=	36,1 „
18	„	=	40,6 „
21	„	=	47,4 „
24	„ (= 2 Zoll)	=	54,1 „
27	„	=	60,9 „
30	„	=	67,7 „
33	„	=	74,4 „
36	„ (= 3 Zoll)	=	81,2 „
42	„	=	94,7 „
48	„ (= 4 Zoll)	=	108,3 „
54	„	=	121,8 „
5	Zoll	=	135 „
6	„	=	162 „
7	„	=	189 „
8	„	=	217 „
9	„	=	244 „
10	„	=	271 „
12	„	=	325 „
14	„	=	379 „
16	„	=	433 „
18	„	=	487 „

NAMENVERZEICHNIS

[1]) s. auch unter REICHENBACH, UTZSCHNEIDER u. LIEBHERR.

Die binokularen Instrumente. Nach Quellen und bis zum Ausgang von 1910 bearbeitet von Professor Dr. phil. M. von Rohr, Jena. Zweite, vermehrte und verbesserte Auflage. Mit 136 Textabbildungen. (Band II der „Naturwissenschaftlichen Monographien und Lehrbücher", herausgegeben von der Schriftleitung der „Naturwissenschaften".) XVII, 303 Seiten. 1920. RM 8.—

Die Theorie der optischen Instrumente. Bearbeitet von wissenschaftlichen Mitarbeitern an der optischen Werkstätte von Carl Zeiß. I. Die Bilderzeugung in optischen Instrumenten vom Standpunkte der geometrischen Optik. Bearbeitet von den wissenschaftlichen Mitarbeitern an der optischen Werkstätte von Carl Zeiß: P. Culmann, S. Czapski, A. König, F. Löwe, M. v. Rohr, H. Siedentopf, E. Wandersleb. Herausgegeben von Moritz von Rohr. Mit 133 Abbildungen im Text. XXII, 587 Seiten. 1904. RM 18.—

Die Brille als optisches Instrument. Von Moritz von Rohr, Professor in Jena, Dr. phil., wissenschaftlichem Mitarbeiter bei Carl Zeiß in Jena. Mit 112 Textabbildungen. (Aus Graefe-Saemisch, „Handbuch der gesamten Augenheilkunde." 3. Auflage.) XIV, 254 Seiten. 1921. RM 8.—; gebunden RM 10.—

Die Fernrohre und Entfernungsmesser. Von Dr. phil. A. König. Mit 254 Abbildungen. (Band V der „Naturwissenschaftlichen Monographien und Lehrbücher", herausgegeben von der Schriftleitung der „Naturwissenschaften".) VIII, 207 Seiten. 1923. RM 7.50; gebunden RM 9.50

Das Mikroskop und seine Anwendung. Handbuch der praktischen Mikroskopie und Anleitung zu mikroskopischen Untersuchungen nach Dr. Hermann Hager. In Gemeinschaft mit Dr. O. Appel, Professor und Geh. Regierungsrat, Direktor der Biologischen Reichsanstalt für Land- und Forstwirtschaft zu Berlin-Dahlem, Dr. G. Brandes, ehemals Professor der Zoologie an der Tierärztlichen Hochschule, Direktor des Zoologischen Gartens zu Dresden, Dr. E. K. Wolff, Privatdozent für Allgemeine Pathologie und Spezielle Pathologische Anatomie an der Universität Berlin, neu herausgegeben von Dr. Friedrich Tobler, Professor der Botanik an der Technischen Hochschule, Direktor des Botanischen Instituts und Gartens zu Dresden. Dreizehnte, umgearbeitete Auflage. Mit 482 Abbildungen im Text. X, 374 Seiten. 1925. Gebunden RM 16.50

Einführung in die Mikroskopie. Von Professor Dr. P. Mayer, Jena. Zweite, verbesserte Auflage. Mit 30 Textabbildungen. IV, 210 Seiten. 1922. RM 4.—

Ⓦ **Photographische Korrespondenz.** Zeitschrift für wissenschaftliche und angewandte Photographie. Begründet 1864 durch Ludwig Schrank. Organ der Photographischen Gesellschaft und der Graphischen Lehr- und Versuchsanstalt (Bundesanstalt) in Wien. Schriftleitung: Dr. Artur Hübl, Professor Karl Albert, Professor Karl Broum, Professor Heinrich Keßler. Verantwortlicher Schriftleiter: Kustos Adolf Schwirtlich. Erscheint vierteljährlich. Umfang des einzelnen Heftes etwa 60 Seiten.
Bezugspreis: RM 12.— jährlich. Preis des Einzelheftes: RM 3.75

Die mit Ⓦ bezeichneten Werke sind im Verlage von Julius Springer in Wien erschienen.

GPSR Compliance

The European Union's (EU) General Product Safety Regulation (GPSR) is a set of rules that requires consumer products to be safe and our obligations to ensure this.

If you have any concerns about our products, you can contact us on ProductSafety@springernature.com

In case Publisher is established outside the EU, the EU authorized representative is:

Springer Nature Customer Service Center GmbH
Europaplatz 3
69115 Heidelberg, Germany

Batch number: 10682534

Printed by Printforce, the Netherlands